棚田保全の歩み

文化的景観と棚田オーナー制度

中島峰広 著

古今書院 刊

まえがき

本書は、筆者が一九九九年に『日本の棚田—保全への取組み』を出版した後に、学会誌、団体機関誌、商業誌、文集などに掲載した論文や報告、随想、旅行記などをまとめたものである。したがって、出来るだけ排除するよう心掛けたが、多少重複した記述や文章のあることをお許し頂きたい。

「1棚田への道」は半世紀に及ぶ知己永瀬孝さんが苦労して編集して下さった筆者の傘寿・叙勲記念文集「百人の棚田讃歌」に掲載した私自身の棚田との関わりを時系列的に記述したものであり、棚田保全の歩みといえるものである。棚田を研究するようになった動機、棚田研究の出発点となった定義と分布図の作成、全国棚田（千枚田）サミットについてその立ち上げのエピソードと取り組みの変遷、継続するための苦労、すべての棚田保全取組みの原点となった棚田保全検討調査委員会の実績、棚田百選の選定過程、棚田の名勝指定から文化財の新しいジャンルとしての文化的景観誕生までの経緯、棚田保全を支援する都市住民を中心とするＮＰＯ法人棚田ネットワークの活動記録などが収録されている。

「2棚田の定義・分布・作業」は、定義に関して農水省によるものと思っている人が多いため、筆者自身がどのように規定し、定義化したかを明らかにしている。分布では、筆者が一九八八年のデーターを用い作成した分布図と農水省の定性的定義による二〇〇五年農林業センサスを用いた分布図とを比較してみると、西日本と東日本の分布が前者では3対1であったのに対し後者では5対1と異常に東西差が拡大している。このことと二〇〇五年データーで算出された棚田面積一三万七五〇〇ヘクタールが、現在棚田を捕捉するのに最も信頼できるデーター中山間地等直接支払制度の対象となっている急斜地水田（傾斜20分の1以上の斜面にある水田）面積約一六万ヘクタールより二万ヘクタール以上も少ないことから、二〇〇五年データーに疑義のあることを指摘した。

同じ分布論でも「土石流、地辷りと棚田」では棚田の多くが土石流跡地と地辷り地に拓かれたのではないかという推論を述べ、その成因から土石流跡地は石積みの棚田、地辷り地は第三紀層地域が土坡の棚田、秩父古生層・片岩地域が石積みの棚田に分かれることを明らかにした。作業については、現在も白米千枚田で実施されているイネ作りの農作業を克明に記録した地元農家の作業日誌を収録したもので、整理と解説が加えられている。

「3原風景としての棚田の起源・魅力・機能」は、起源について筆者が最初に高野山文書に棚田の語句があり、その場所が紀ノ川流域桃山町（現紀ノ川市）であることを指摘した後、研究に進展がみられた。その詳細は「1棚田への道　11棚田造成の経緯と棚田の文化的価値」に記述があるので、ここでは簡単に触れることにした。魅力については、これまで山の中にある作業に骨の折れる厄介な山田としか考えられなかった棚田にはじめて光を当て、その景観の美しさを称賛した。これにより棚田の価値を定着させることができたと思っている。機能に関しては棚田の持つ役割を列挙、組織的な説明を行った。

「4文化的景観としての棚田」は文化的景観の諸相と特質、文化的景観に先行した棚田の名勝指定、棚田景観が先導した文化的景観、文化的景観を保全するに当たっての課題などが述べられている。

「5棚田オーナー制度」は、全国で展開されているオーナー制度について、筆者自身が一五年以上にわたって収集しているデーターを用い分析、考察を加えた論考である。これまで個別地域の棚田オーナー制度を紹介する事例報告は散見されたが、全国的規模での考察がほとんどないため、多少重複した記述があるものの、時間的経過をともなう資料を用いていること、評価の記述が異なることなどの理由により、あえて二編の論考を取り上げることにした。「究極の棚田オーナー制度」は、埼玉県横瀬町寺坂での取り組であり、棚田オーナーが堰浚いから水管理を含むすべての農作業を担っていることから、特筆すべき事例として紹介されている。

「6棚田と人」に登場するのは、全国の棚田を巡る調査行で出会った故人を含む人たちである。故人の杉原千畝はユダヤ人の恩人七千人の命のビザで知られる外交官、中村十作は悪政の人頭税で苦しむ宮古島の農民を救った黒真珠の養殖家。両人とも母校の早稲田大学出身者であったため早稲田が生んだ二人の偉人として大学の校友会誌に掲載した随想。千畝については母親の実家が百選の棚田岐阜県八百津町北山にあったことから、その名が棚田に由来するのではないかという想像を働かせ、「七千人のユダヤ人を救ったのは棚田だった」という一節を思いついた時には棚田の持つ底力を感じた。そのほかの浅見彰宏さんは脱サラして雪深い北会津の山里に移住、有機農業と百姓を目指すIターン農民。守り人はお会いした時、棚田保全に汗を流し輝いていた人たち。しかし、その後の消息を知る術のない大岡村の老婦を除く人たちは、地元の人々に惜しまれながら亡くなった方々である。ここであらためてご冥福を申しあげる。

「7アジアの棚田」は、棚田学会の会員とともに中国雲南省元陽県、韓国南西部の海南島と青山島、インドネシアバリ島を訪ねた時の旅行記である。

表紙のデザインはNPO法人棚田ネットワーク理事久野大輔による。最後に編集を担当して下さった古今書院の関田伸雄さんにお礼を申し上げる。

二〇一五年一月

著　者

目次

1

棚田への道

1　最初に出会った棚田は三重県紀和町丸山千枚田

私が棚田の研究を始めたのは、研究者になったばかりの一九七〇年代前半、四〇年も前のことだ。米余りによる生産調整が始まり、水田を研究する者に注がれる眼差は冷たく、無用の研究者とみなされる逆風の時代。文部科学省の科学研究費による恩師竹内常行博士との共同研究、棚田の水利をテーマにしたものであった。農業技術史の大家古島敏雄の名著「土地に刻まれた歴史」[1]には日本を代表する長野県千曲市姨捨の棚田（田毎の月）と石川県輪島市白米千枚田について、論理的な考察により両者ともに何等の用水源をも持たない天水田であると記述されている。これに対し、恩師は長年にわたる全国を踏破した実証的な研究から棚田を含む全国の水田はいくつかの例外を除き、何らかの水源を持っているという自説を確信されていた。このことを明らかにしようというのが研究の動機であった。

私が調査地として取り上げたのはＮＨＫ総合テレビ番組「明るい農村」などの情報で知った三重県紀和町（現熊野市）丸山千枚田、奈良県生駒市鬼取・大門、宮崎県諸塚村柳原川流域の集落であり[2]、研究者としてはじめて棚田に出会うことになった。調査では、いずれの地域も河川から引水する用水路や溜池を所有することが確認された。同時に紀和町丸山千枚田ではすべてが耕作されている二二四〇枚の壮大な棚田景観がみられること、一〇〇メートルの高度差のある斜面に棚田が散在し

三重県熊野市紀和町丸山千枚田

ているため、人力による資材や収穫物の運搬に多大の労力を要し、一九五五年における水稲生産一〇《アール》当たりの労働時間が全国水稲販売農家の平均一九〇・四時間に対し、丸山では三二〇時間、一・七倍も必要であることなどを紹介した。

生駒市鬼取・大門では、生駒山の標高（六四二《メートル》）が低く、河川の流域が狭いこと、寡雨地域（年降水量一一九五ミリ）であることなどにより旱魃の常襲地であるため、水源の立会溜池の利用に関して複雑な水利慣行のあることが判った。ここでは、まず溜池の水が八〇％の「本時の水」と池敷のある上流地区に特権的に与えられる二〇％の「二分の水」にわけられ、それぞれが七日で一巡する番水制度が設けられていること、さらに用水路の分水作業に関しては素手で行うことなど詳細な慣行のあることなどを明らかにした。

諸塚村柳原川流域の集落では、数戸から十数戸の農家が棚田を拓くために、「石普請」とよばれる結の組織をつくり、長大な用水路の開鑿と開田を数十年の歳月をかけて行ってきたことを記載した。とくに、戸下集落における戸数一二戸の農家が各戸平均三三㌃の棚田を拓くのに一一〇年の歳月を要したという事実に、営々として棚田を拓く農民の姿を思い浮かべた。

2　棚田研究への回帰

私の棚田研究は、一九七〇年前半からこれまで続けられてきたのではない。一九九五年までの四半世紀は学術博士の学位を取得した「日本における畑地灌漑の歴史地理学的研究」(3)に専念した。それでも研究フィールドの畑地の隣に広がる棚田の耕作放棄が進む状況をみて、心穏やかではなかった。

再び棚田の研究を始めるきっかけになったのは、一九九五年に国際地理学会（ＩＧＵ）の農業地理部会が sustainability を主題にして筑波大学で開かれることになったことである。この時、日本地理学会では、学会でも研究者の多い筑波大学関係者は大会の裏方を務めるので、他大学の研究者はできるだけスピーカーになって欲しいということであった。地理学会では時流を反映して、都市と農村では圧倒的に前者の研究者が多く、後者の農村研究者は少ないため、ほとんど自動的にスピーカーにさせられてしまった。何を発表するか、sustainabilityという主題から思いついたのが、かつて恩師と共同で研究した棚田だったのである。

3　一九九五年は棚田ルネッサンスの年

一九九五年は国際地理学会だけでなく、第一回全国棚田（千枚田）サミットが高知県檮原町で開かれた年でもある。サミットが檮原町で開かれるようになったのは作家の司馬遼太郎まで遡る。司馬は「街道をゆく」シリーズの一つ、幕末の志士坂本龍馬が脱藩した道、「檮原街道」を取材するために、一九八四年檮原町を訪ね町の入口にある神在居の棚田をみて、「万里の長城も人類の遺産やけど、檮原の千枚田も遺産やな」といった。(4)これを聞いた案内役の檮原町町長中越準一さんはただの田圃と思っていた棚田が宝物であることに気づき、これを地域の活性化につなげたいと考え、一九九二年に神在居の棚田を活用、全国で最も早く棚田オーナー制を立ち上げた。

一方、農村を舞台にしたミュージカル劇団「ふるさときゃらばん」を率いる石塚克彦さん（棚田学会副会長）は、報道カメラマンとして知られている英伸三さんに「福岡県星野村（現八女市）の棚田はすばらしかったが、何もしなければなくなってしまうよ」といわれ、その保全活動に目を向けるようになった。しかし、農水省に働きかけても反応は鈍く、活動を諦めかけていたとき檮原町の中越町長と出会い、棚田で地域起こしをしようという両者の思惑が合致、棚田サミットの開催に向けて走り出した。

このような動きに私が関るようになるのは東京農工大の千賀裕太郎さん（棚田学会会長）の声掛けによるもの。早稲田大学の教え子である春山成子さん（三重大学教授）が東大農学部で学位を取得した関係で、先輩に当たる千賀さんから地理学者で棚田に関心のある人を紹介して欲しいという依頼を受けた。彼女はすぐに私を推薦、これを受けた私が一九九五年四月に農工大の千賀研究室を訪ねると、千賀さんとふるさときゃらばんの高橋久代さん（棚田学会理事）が待っていた。用件は、一〇月に開かれるサミットに向けて協力してほしいということであった。こうして、私は国際地理学会と全国棚田サミットの両者から棚田研究の加速を強いられることになった。このような経緯から、私は一九九五年を棚田ルネッサンスの年と呼ぶことにしている。

4　棚田の定義と全国棚田分布図の作成

棚田の研究を再び始めるには、まず棚田の現状を把握することが出発点になると考えた。耕作放棄が進むなかで、全国にはどれだけの棚田があるのか。それがどのような地域に分布しているのか。これを知るためには定量的な定義を行う必要があった。農水省が二〇〇五年の農林業センサスで用いた「圃場の形状を問わず、傾斜地に等高線に沿って作られ、田面が水平で棚状に見える水田を棚田とする」というような定性的定義では客観的に面積を把握することはできないからである。

それを可能にしたのは、すでにふるさときゃらばんと関係を持っていた当時の農水省構造改善局総合整備事業推進室長であった牛島正美さん（発足時からの棚田ネットワーク会員、二〇一二年まで棚田学会理事）である。牛島さんは、農用地の傾斜区分傾斜二〇分の一以上にある急斜地水田の圃場整備状況を明らかにした一九八八年の「土地基盤整備基本調査」の内部資料を提供して下さった。結果的にはこれが棚田の定義になるのだが、傾斜二〇分の一、すなわち二〇メートル進んで一メートル上がるという数字に絶対的な意味があったわけではない。この程度の傾斜であれば、階段状になった水田としてとらえることができるし、なによりもこれにかわる棚田としてとらえることのできる全国データーが存在しなかったというのが正直なところであった。

基本調査は、全国の市町村にまで下ろして作業が行われた。日本の国土基本図である縮尺二万五千分の一の地形図を用い、土地利用の地類線で囲われる水田に着色、着色部分の最大傾斜方向に定規を当て直線八ミリ（実際の長さは二〇〇メートル）以内に一〇メートル間隔の等高線が二本（二〇メートル）以上ある部分を急斜地水田、すなわち棚田とした。データーは市町村別の団地ごとに、たとえば新潟県旧松之山町では三五団地について面積・構成団地数・傾斜・放棄率などが示されており、数億円の費用をかけた詳細なもの。これらを用い、市町村別に棚田面積を集計、総務庁統計局が発行する一五〇万分の一の市区町村界素図上に一〇〇ヘクタール未満、一〇〇〜三〇〇ヘクタール未満、三〇〇〜五〇〇ヘクタール未満、五〇〇ヘクタール以上に区分して表示した。さらに、これを四五〇万分の一の日本全図にうつしかえ分布図を完成させ、同時に全国の棚田面積二二・三万ヘクタールを確定し、棚田の定義を定着させる出発点にしたのである。

5　国際地理学会つくば大会での発表

一九九五年八月二三日、つくばセンター第一ホールで棚田研究の再出発となる発表を英語で行った(5)。その内容は、棚田が日本の水田面積の約八%を占めることを述べ、作成した棚田分布図を示しながら、分布、地質・地形との関係、法面構造について説明した。すなわち、分布では西日本に三分の二、東日本に三分の一の棚田があり、新潟県頸城地方、岡山県吉備高原、大分県阿蘇火山山麓が三大卓越地であること、地質・地形との関係では東日本は新生代第三紀層の丘陵　西日本は古・中生代の古い地層の山地や火山山麓に棚田が多く、これを反映して法面構造は東日本は土坡、西日本は石積みが多いことなどを指摘した。

さらに、現状は米余りによる生産調整が実施されているなかで、棚田が一般の水田に比べて土地・労働生産性ともに低いため耕作放棄が進んでいること。しかし、一方では棚田の持つ土壌浸食・地すべり防止、洪水調節、美しい景観などの機能が評価され、都市住民の支援をえて保全の動きがみられるようになったことなどを紹介した。この発表は、その後の研究の流れとフレームワークを作ったことで大きな意味があった。

6　棚田分布図の朝日新聞掲載

棚田分布図の作成を知った朝日新聞社会部記者高橋俊一さんが研究室に訪ねてきた。取材後の記事は、メインタイトル「棚田よ荒れるな」、サブタイトル「景観保全の動きー七七市町村がサミット、分布図作り現地調査」とあり、カラー印刷の全国棚田分布図が一九九五年九月一四日の朝日新聞夕刊一面で紹介された。

棚田よ荒れるな

「千枚田」「田ごとの月」などの言葉で代表されるように、棚田は農村風景を象徴してきた。この農村の「原風景」を守ろうと、二十八、二十九日、高知県で第一回全国棚田サミットが開かれる。コメの輸入自由化や新食糧法の十一月施行で農業をめぐる状況が揺れ続けるなかで、消える一方の棚田を、景観保護や風土保全などさまざまな面から再評価する試みだ。早稲田大学では全国の分布図を完成させるなど、保護運動の機運が高まりつつある。（社会部・高橋俊一）

周囲を山に囲まれた棚田には、見事な稲がみのっている＝高知県高岡郡梼原町で

景観保存の動き
■77市町村がサミット
■分布図作り現地調査

棚田分布図を紹介する朝日新聞

「棚田は、二〇分の一以上の傾斜地にある水田」という文章ではじまり、棚田の定義が定着するのに大きな役割を果たした。記事は、さらに司馬遼太郎に触発されて棚田の保全に目覚めた高知県檮原町で全国棚田（千枚田）連絡協議会が設立され、第一回全国棚田サミットが開催されることを報じ、最後に私のコメント「水が入ると、とくに美しい。経済効果の面から切り捨て論があるが、コメの国なのにこれでよいのか。土砂の崩落を防ぐなど土壌保全の機能はあるし、郷愁や安らぎの観点からも評価すべきで、貴重な文化遺産だ」という文章で結んであった。

7　第一回全国棚田（千枚田）サミット開催

第一回全国棚田（千枚田）サミットは、一九九五年九月二八〜二九日の二日間の日程で開催された。一日目は全国棚田（千枚田）連絡協議会の設立準備会に続いて設立総会と首長等会議、ふるさときゃらばんのミュージカル「男のロマンと女のフマン」観劇、二日目は午前中に千賀裕太郎さんの基調講演「棚田は生きている」と新潟県安塚町（現上越市）町長矢野学さん（二〇一二年まで棚田学会理事）、佐賀県西有田町（現有田町）農林商工課長上瀧幸二さん、高知県檮原町千枚田ふるさと会会長の新谷忠夫さんの事例報告。午後コーディネーター千賀裕太郎さん、橋本大二郎高知県知事、中越準一檮原町長などをパネラーとするパネルディスカッションがあり、私はコメンテーターを務めた。その後に棚田フォトコンテストの英さんによる講評と入賞作品の表彰が行われた。この

第１回全国棚田（千枚田）サミットの基調講演　千賀裕太郎さん

フォトコンテストの作品が写真集「棚田―ふるさとの千枚田―」として講談社から刊行された。(6)サミットには棚田連絡協議会の団体会員である二〇市町村を含む八〇市町村からの代表者や一般市民、学識経験者などの個人会員、報道関係者など、延べ一二〇〇名の人々が棚田保全に向けての運動を展開するために参加したのである。

また、高知新聞社がサミットを記念して「神々が降り立つところ」を刊行、私も「農民労働の記念碑」(7)なる一文を寄せた。それは、国際地理学会で発表した内容のほかに、新潟県松之山町（現十日町市）と三重県紀和町（現熊野市）丸山千枚田の耕作放棄の状況について書き加えた。松之山町では国土地理院発行二万五千分の一地形図の一九六六年測量図と一九九一年修正測量図を比較、前者で水田だったところが後者でなくなっている場合、放棄田とみなすことにして調査した。その結果、区画整理された棚田はほとんど放棄されていないが、それ以外の棚田は全町域にわって虫食い的に放棄がみられること、役場のある町の中心から遠い西部の渋海川沿いの地域で放棄が多いこと、ことに集落から遠いより標高の高い部分の棚田が放棄されていることなどが判った。丸山千枚田では一九八〇年に耕作されている棚田が一一ヘクタール、二一四〇枚だったものが一九九三年には二・六ヘクタール、五一八枚に減少、およそ四分の一になっている状況に愕然とさせられた。

その後の丸山千枚田について述べると、一九九三年に耕作放棄により無残な姿になった千枚田の景観に危機感を募らせた町は地元民を説得して千枚田保存会を立ち上げた。翌年の一九九四年には町の条例で棚田の景観保全がうたわれ、国からの助成金が導入されて初代の保存会長であった北富士夫さんを中心にして放棄田の復田が始められた。復田は少しずつ進められ初年度に四六枚、一九九五年に一七三枚、そして一九九七年までに合計八一〇枚が復田され、地元農家によって残されていた五三〇枚を加えた一三四〇枚の千枚田の景観が復活、現在に至っている。千枚田の景観復活では、とくに北富士夫さんの貢献を忘れてはならない。

8　棚田ネットワークの誕生と揺籃期（一九九五～一九九八年）

代表を務めるＮＰＯ法人棚田ネットワークは、一九九五年一二月二日に早稲田奉仕園を会場にして初会合が開かれ「棚田支援市民ネットワーク（略称棚田ネットワーク）」として発足した。高野光世さん（棚田ネットワーク事務局長を経て常任理事）が、棚田サミットで盛り上がった棚田保全の潮流を無にしてはならないという思いから関東周辺に在住する棚田連絡協議会の個人会員に呼びかけた。高野さんは後で知ったのだが、私と専門を同じくする東京文理科大学きっての論客といわれた高名な地理学者高野史男さんのお嬢さん。当日参加した人は一四名、協議会会員と非会員が七名ずつ、そのうち協議会会員の高野さん、牛島さん、木戸幸子さん（棚田ネットワーク理事）、相田明さん（棚田ネットワーク理事）と私は現在も棚田ネットワークの会員である。

　発足してから数年間の活動状況を述べると、当初は事務所もなく、早稲田大学の研究所や教室、ふるきゃら事務所、喫茶店などで会合が開かれた。会合では、活動内容について、都市住民に対する棚田の啓蒙と棚田支援を標榜するからには農村に出かけて行き、保全活動の作業を行う必要があるということなどが議論された。

　一九九六年二月の第二回の会合では機関紙の発行が決まり、高野さんが提案した「帰去来」、「山の石積み」、「棚田支援市民ネットワーク通信」、「棚田に吹く風」のなかから「棚田に吹く風」が選ばれ機関紙名となった。一九九六年四月一五日発行の創刊号に、会員の紹介号で、高野さんは女子大生風の写真と「身長一六一センチ、体重五一キロ、最近お腹がでてきたのと腰痛気味なのを気にしています。オンボロ車にムチ打ってあちこちの棚田を見に行きたい。同乗者歓迎」のコメント。木戸さんは「棚田に寄せる様々の思いを持った方々と出会い語らう一時は美味しいご馳走を頂いている時のようです。都会暮らしの方がずっと長くなりましたが、棚田に囲まれたなかで生まれ育った者として、都会に住む人たちにはもっともっと美しい田園風景や田舎の生活を見て聞いてほしいと思っている主婦です」。相田さんは「棚田のランドスケープ（風景）に魅了され、はや三年になります。大学院では造園学を専攻しており、農村景観を研究しています」。そして私は「棚田は恩師に戴いた研究テーマ。棚田よ消えるなと念じながら棚田ウォッチングを続けたいと思っています」というコメントが載せられている。

活動の柱の一つ、棚田地域に出かけて行って保全のための作業を行うということは思ったより大変なことで、簡単には実現しなかった。一九九六年は新潟県松之山町で棚田見学ツアーと稲刈り体験ツアーを実施するに止まった。一九九七年になって会員の香山由人さんが長野県八坂村（現大町市）へIターンしたのに便乗、ようやく堰普請、田づくり、田植から稲刈までの農作業の支援を行うことができた。

9　地學雑誌に掲載された「棚田の保全」

一九九六年一〇月、東京地学協会の機関紙地學雑誌に拙著の「棚田の保全」(8)の論文が掲載された。東京地学協会は一八七九年にイギリスの王立地理協会を模して志賀重昂や榎本武揚などによって設立された由緒ある学会。王立地理協会はリビングストン、バートン、スタンリーなどのアフリカ探

地学雑誌の表紙を飾った輪島市白米の千枚田

検を支援した協会であり、日本も植民地経営に寄与することを意図して設立された。しかし、少なくとも第二次大戦後は地球科学、地理学の純粋な研究者団体として活動、年六回の機関紙を発行、四谷に事務所が入る自前のビルを所有するしっかりとした財政的基盤を持つ学会である。

「棚田の保全」は国際地理学会で発表した棚田の分布と放棄の現状に加えて、石川県輪島市白米千枚田、三重県紀和町（現熊野市）丸山千枚田、岡山県中央町（現美咲町）大垪和における保全の取り組みを紹介、比較考察を行った。(8) 地學雑誌一〇五巻五号の表紙は私が撮影した白米千枚田の写真で飾られており、このために掲載料を戴いた。学会誌に論文を書いてお金を戴いたのはあとにも先にもこの時だけで、さすが財政力豊かな学会だと思った。また、これとほぼ同じ論考「棚田の現状と保全」(9) を古今書院が発行する雑誌「地理」にも掲載した。

10 棚田保全の原点「棚田保全検討調査委員会」

一九九七年四月、農水省は第一回全国棚田サミット以降、社会における棚田に対する関心の高まりを受けて、その外郭団体である社団法人農村環境整備センター（現社団法人地域環境資源センター）に調査を依頼、棚田に関する調査のための専門委員会を設けた。委員は神奈川大学経済学部教授香月洋一郎さん（民俗学）、信州大学教授木村和弘さん（農業土木）、愛媛大学教授岸康彦さん（農政ジャーナリスト）、ジョニー・ハイマスさん（写真家）、俵萌子さん（作家・陶芸家）、そして中島の6名、農水省から構造改善局開発課・課長補佐の山岡和純さん（棚田学会理事）と係長の濱口大志さん、文化庁から主任文化財調査官大島暁雄さん（棚田学会理事）と調査官の本中眞さんが出席していた。第一回の委員会では委員の紹介、農水省から棚田保全に関する事業の説明、文化庁からは文化財指定のための諸条件について説明があり、今後の調査についての検討が行われた。また、現地調査が実施され、後に百選の棚田に認定された宮崎県日之影町戸川（石垣の村）へ木村さんやハイマスさんと同行したことを記憶している。

一九九八年二月の第二回の会合では「棚田保全検討調査委員会」と名称が改められ、私が委員長に就任、四月の第3回委員会で調査結果の報告と討議が行われた。検討事項一の棚田の全国的な概況については、まず調査の基本になる棚田の定義が問題にされ、水田であること、段差を有していること、複数の水田が階段状に広がっていること、傾斜二〇分の一以上の勾配になっていることが試案として提案された。水田で傾斜二〇分の一以上の勾配であれば他の条件もクリアできるので、「傾斜二〇分の一以上の斜面にある水田を棚田とする」という定義が委員会で認められ、私が作成した全国棚田分布図の定義を追認するかたちになった。そして、この定義による棚田の全国的分布や耕作放棄の状況などが説明された。また、棚田分析の基本的視点としては農水省の「水田要整備量調査」のデーターを用い傾斜度・団地面積・区画形状・農道整備などの考察が行われた。

検討事項二の棚田保全の基本的考え方については、①生産基盤としてのきめ細かな整備の実施、②貴重な歴史文化資源としての棚田の保護、③都市との交流をベースとした棚田保全の支援体制づくりが議論された。

この議論を受けて、①農水省は一九九八年から「棚田地域等緊急保全対策事業」と「棚田地域水と土保全基金事業」をスタートさせた。すなわち、前者はハード事業であり、営農条件の改善を図るため、地形条件に即した小規模な用排水路・農道、獣害防止施設、圃場区画などの整備、国土・環境・景観の保全に配慮した整備等をきめ細かく緊急的に実施するというもの。後者はソフト事業であり、都道府県に棚田基金を設け、その運用益で棚田保全の輪への市民参加の促進や集落協定等に基づく棚田の保全・利活用活動を支援するというものである。両事業は棚田地域に限定されたはじめての事業であり、これまで見捨てられてきた棚田地域にとっては画期的な事業として評価できるものであった。

一方、②文化庁でも棚田の文化的価値を評価し、その保全・活用と農業・農村の活性化に関して検討を始めた。しかし、当時の文化財は有形文化財、無形文化財、民俗文化財、記念物、伝統的建造物群の五つのジャンルしかなく、伝統的建造物群以外は静態的文化財であった。これに対し、棚田は水田として利用され、耕作されている動態的文化財であるため文化財として捕捉するのが容易ではなかった。模索検討がなされた後、まず記念物のなかの名勝としての指定が行われることになった。

最後の③都市との交流をベースとした棚田保全の支援体制づくりでは、都市住民の棚田に対する関心を喚起するため、棚田百選の選定と学会の創設が提案され、後述するように両者ともに実現することになるのである。

11　棚田造成の経緯と棚田の文化的価値 (10)

一九九八年三月に、農水省筑波事務所農林ホールで農業土木学会と農業工学研究所の共催による条件不利地域対策の農業農村の整備技術に関する第二回研究集会が開かれた。棚田保全検討調査委員会のメンバーである山岡さんからこの集会での発表を頼まれた。八人のスピーカーのうち七人は農業工学関係の技術者なので、私には棚田が何時出現したのか、棚田の持つ文化的価値の二点について論じてほしいという注文。早速この問題に取り組み、まず棚田は何時出現したかについては、

明日香村甘樫丘からみた真神原

文書に記載されるより早く出現したと考え、前掲した古島敏雄の「土地に刻まれた歴史」に着目した。古島は、古代から明治に至るまでの水田開発の過程を人々が土地に刻んだ痕跡、すなわち人工的操作によって生み出された景観を手がかりにして明らかにしているが、古代の水田開発については古都飛鳥を取り上げている。

それによれば、水田が立地したのは盆地の平坦部ではなく、盆地を限る丘陵・山地に刻まれた小さな谷であるとしている。飛鳥は、地図をみると大和平野（奈良盆地）の南東隅に位置しており、盆地の縁辺部にあるばかりでなく、畝傍山や天香久山、あるいは甘樫丘などの丘陵が点在、小さな地形単位に分かれている。これらの小地形単位は天皇家、藤原氏、蘇我氏などの氏族によってそれぞれ支配されていた。たとえば藤原氏は飛鳥寺東の小原の谷を地盤としており、かつて真神原とよばれた橘寺・川原寺・飛鳥寺・岡寺に囲まれる平坦地はいまだ原野であったという。

藤原氏が支配した小原の谷は、飛鳥集落の東、丘陵の西端に位置する飛鳥坐神社と酒船石のある丘陵の間にある。社の横を浅い谷沿いにある道を少し上ると藤原鎌足の産湯の井跡と生母大伴夫人の墳墓があり、この地が藤原氏によって支配された土地であったことを示す案内板がたてられている。谷は標高一三〇〜一七〇メートル、傾斜一五分の一〜二〇分の一の緩い勾配をなす棚田が占め、現在も耕作されている。谷の最奥部は高さ一メートル前後の土坡で築かれた一〜二アールほどの小さな棚田になっている。

これらのことから、狭い谷を埋める棚田は各氏族が力を持つようになる前に開発され、その勢力を少しずつ大きくするのに寄与したであろうから、六世紀中葉〜七世紀前半とされる飛鳥時代以前の古墳時代には出現していたのではないだろうか。その棚田は、緩い傾斜の狭い谷の谷底に拓かれたもので、造成するのに土工量が少ない土坡で築かれた谷地田型の棚田であっただろうと考えている。

次に文書で棚田という言葉が出現するのは室町前期になってからである。東京帝大編纂の大日本古文書に収められている古文書の一つ、一四〇六（応永一三）年の日付がある「僧快全學道衆竪義料田寄進状」に棚田の言葉がみられる。[11]それによれば高野山領安楽川（荒川）庄高ノ村の谷間にある小区画の水田は、最奥部に設けられた溜池から引水されており、もともとは糯田と呼ばれていた。それが室町前期の頃には山の田、あるいは斜面に階段状にひらかれていて、形状が棚に似ているところから棚田というようになったとしている。

この場所を具体的に知るために吉田東伍の大日本地名辞書を調べて、安楽川庄が和歌山県桃山町（現紀の川市）であることを確認。(12) さらに、現地を訪ね調査して手に入れた郷土史家の松田文夫編の私家版「高野山領紀伊国荒川庄史」により、高ノ村が桃山町賀和（元）であることが判った。(13)

その桃山町賀和は、紀ノ川の左岸、龍門山塊の西端にある標高二八五メートルの最初が峰の山麓にある。地図をみると紀ノ川と合流する貴志川、さらにその支流の石榴川の三川が集まるところに位置しており、荒川庄の名前からも想像できるように、かつてはしばしば洪水の被害を蒙ってきたところである。その山麓部の標高三〇～六〇メートルには傾斜一〇分の一の勾配をもった浅い谷がいくつか切れ込んでいる。谷の部分は、他の沖積地や台地の平坦部、傾斜地と同様に現在はモモ畑になっているが、地元農家での聴取によれば一九五〇年代後半の頃まで水田であったという。モモ畑は段畑になっており、その上部に大小の溜池があることなどから、かつては溜池の水に養われる土坡で築かれた谷地田型の棚田であっただろうと想像される。

私はこれらの谷のうち、何処かは特定できなかったが、後に早稲田大学教授の海老澤衷さん（棚田学会副会長を経て監事）が明らかにした。(14) 海老澤さんは東京学芸大学の「紀伊国荒川荘園現地調査報告書」にある小字名のある地図に着目、寄進状にある山崎の小字をみつけ出し谷の特定をしている。研究はさらに進展、早稲田大学准教授高木徳郎さん（棚田学会理事）は、桃山町の棚田より七〇年ほど古い一三三八（建武五）年の高野山領志富田荘、現かつらぎ町渋田の検注帳に棚田の文字があることを発見、学会誌に報告している。(15) 現時点ではこれが棚田の初見資料として認められている。

もう一つのテーマ、棚田の文化的価値については、棚田の持つ保水機能、土壌浸食・地すべり防止機能、洪水調節機能、生物多様性などとともに、日本人の原風景ともいわれる棚田景観を多面的機能の一つとして位置づけ、国民的原風景について論述した。何でもない風景と思われていた棚田景観に価値を見出したのは初めてのことであり、もっと評価されてもよいことだと思っている。

しかし、棚田景観といっておきながら、棚田の文化的景観ではなく文化的価値に止めたのには理由がある。第二次大戦後の地理学界では戦前に風靡した環境論と景観地理学に対する強い拒否反応から、本来ならば地理学者が率先して取り上げなければならない環境と景観をタブー視する傾向があった。環境論は人間の行動や歴史が自然的環境に強く影響されるという考え方、景観地理学は研究対象を可視的事物に限定するというもので、両者とも歴史的・社会的事象が欠落しているとして、第二次大戦後、社会科学としての地理学を標榜する学徒から激しく批判された。このため、文化的景観とするのをためらったのだが、今にして思えば躊躇すべきではなかったと反省している。

12　長野県千曲市姨捨と石川県輪島市白米千枚田の名勝指定

文化庁では、棚田保全検討調査委員会のメンバーであった調査官の本中さんが棚田の文化的価値に早くから関心を持ち、文化庁の機関紙ともいえる月刊文化財の棚田特集号に世界遺産になったフィリピンのイフガオ地方の棚田景観を紹介している。(16)

本中さんは、江戸時代から田毎の月として喧伝されてきた長野県更埴市（現千曲市）姨捨を取り上げ、棚田としての名勝指定第一号を目指し、地元に働きかけた。当時、姨捨では耕作放棄がかなり進み、田毎の月の景観が損なわれる状況にあった。このため、県職員の田毎の月保存・農業体験同好会、名刹長楽寺の所有地四十八枚田保存会などによる棚田保全の取り組みが始まっていた。また、市も耕作放棄されていた姪石地区二・六㌶をふるさと水と土保全モデル事業を導入して復田、地元農家の組織名月会の支援をえて棚田オーナー制を立ち上げたところで、保全の機運が盛り上がっていた。

このような状況を背景にして、一九九八年六月に第一回姨捨（田毎の月）保存管理計画策定委員会が開かれた。委員長は信州大学名誉教授田中邦雄さん（地質学）、専門委員は信州大学教授木村さん、信州大学教授佐々木邦博さん（造園学）、二松学舎大学教授矢羽勝幸さん（国文学）と中島であった。しかし、田中さんが急逝され、七月の第二回の委員会で私が委員長に就任した。委員会は、はじめから激論が闘わされ、棚田保全のためには「より旧来の姿を厳密に保存することが必要だ」とする意見と、「水田を整備して耕作しやすくしなければ保全は困難だ」とする意見が対立、ほかに地元農家との調整もあるため、策定委員会のほかにワーキンググループ会議が設けられた。

ワーキンググループは、私が座長になり、委員は木村さん、佐々木さんのほか新たに東京農業大学助教授麻生恵さん（造園学）、渡邉昭次さん（名月会会長）、佐野昇純さん（長楽寺住職）、宮坂信勝さん（四十八枚田保存会会長）たちが加わり、コンサルの米山淳一さん（日本ナショナルトラスト)、本中さんによって構成された。

ワーキンググループ会議でも、議論は最初から白熱、「保全するからには四十八枚田のような棚田で保存すべきだ」という意見と「農道を整備し、畝町直し的整備を行わなければ草茫々の放棄地になってしまう」という意見が対立、私は座長として両者の調整に終始した。報告書を作成するのに、委員会を五回、ワーキンググループ会議を九回開いて、最終的な結論をえた。(17)

両者の対立は、保存管理地区のランクづけとゾーニング化することによって調整が図られた。すなわち、ランクⅠは伝統的形態保全地区で名勝指定の四十八枚田、旧来の区画形状・配置を保全する最も規制の厳しい部分、ランクⅡは景観保全型整備地区で名勝指定の姪石とランクⅢの適用区域のうち展望地点周辺部分、ランクⅢは農業継続型部分整備地区で県営ふるさと水と土ふれあい事業の受益地と棚田地域等緊急保全対策事業の受益地部分、ランクⅣは農業継続型全面整備地区で規制のない県営圃場整備事業対象部分とした。こうして難産だった名勝指定は一九九九年五月に実現したのである。

続いて、石川県輪島市白米千枚田では、二〇〇一年七月に私が委員長、委員は麻生さんと地元の文化財保護審議会委員、本中さんが指導助言、米山さんが事務局という構成メンバーで第一回白米の千枚田保存管理計画策定委員会が開かれた。姨捨同様のランクづけとゾーニングにより管理計画を策定、ワーキンググループ会議を設けて地元住民との調整を行った後、二〇〇一年一月に名勝指定に漕ぎ着けたのである。(18)

13 『日本の棚田—保全への取組み—』(19)の出版

これまでの研究成果をまとめ、一九九九年二月に日本地理学会の機関紙「地理学評論」を発行している古今書院から単行本『日本の棚田—保全への取組み—』を出版した。初版二〇〇〇部はすぐに完売、一九九九年九月に第二版、二〇〇〇年九月第三版、二〇〇七年七月に第四版が出版されている。

出版に当たり新たに書き加えたところはわが国の主要な棚田景観の部分。それを選び出すのに利用したのが第一回全国棚田サミットの折に全国棚田連絡協議会などが主催者となって実施した棚田フォトコンテストの応募者リストである。コンテストには、全国から約一二〇〇人により二六七七枚、一人平均二・二枚の応募があった。そのなかで、国内の作品に限り、集落単位で場所が特定できる作品のみを取り上げ、同一の場所を二名以上の人が撮影しているか所を共同主観的な共通する景観像として位置づけ、主要な棚田景観として七二か所をリストアップした。

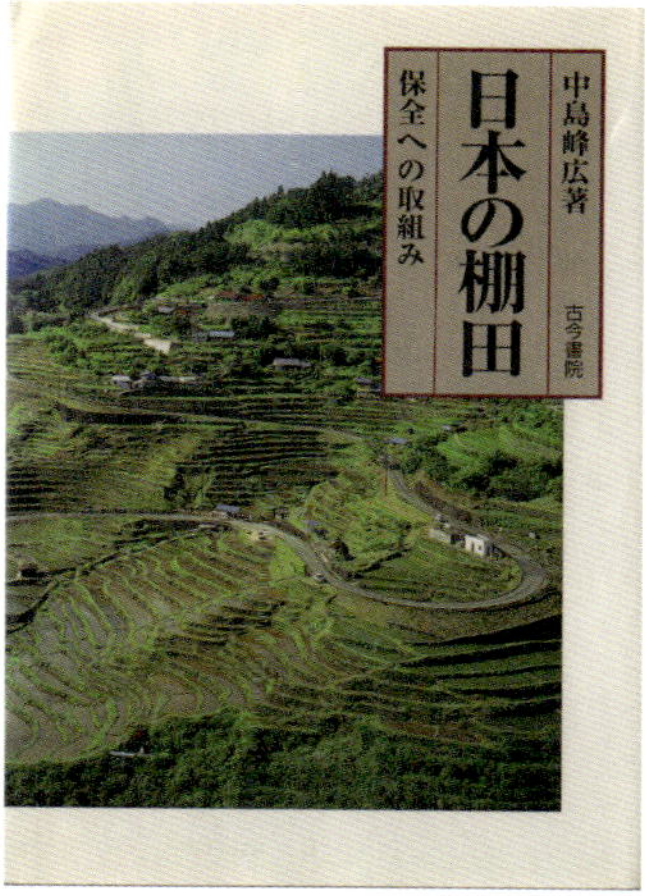

第４刷まで出版された
『日本の棚田』

そのなかから、さらに同一場所を五名以上の人が撮影している二〇か所をわが国における優れた棚田景観として選び出し、それぞれについて詳述した。

その二〇か所を列挙すると、石川県輪島市白米、長野県千曲市姨捨、愛知県新城市四谷、三重県熊野市丸山、京都府伊根町新井、大阪府能勢町長谷、和歌山県有田川町三田・沼、岡山県美咲町西大垪和、山口県長門市津黄・後畑、高知県檮原町神在居、高知県香美市有瀬、福岡県八女市広内、佐賀県玄海町浜野浦、佐賀県唐津市大浦、長崎県松浦市土谷免、大分県別府市内竈、宮崎県日南市坂元、宮崎県えびの市昌明寺などである。

14 棚田ネットワークの体制整備期(一九九八〜二〇〇一年)

一九九八年は棚田ネットワークの最初の脱皮の年であった。まず、会の体裁を整えるため規約がつくられ、私が代表に就任した。八坂村田圃プログラムは継続されたが、交通費や宿泊費などの経済的負担が大きいため、思うようには発展しなかった。そのかわりに、棚田の啓蒙にも力を入れるようになり、その最初の企画が三月に豊島区立勤労福祉会館で開かれた「棚田はふるさと・都会は田舎の応援団」というタイトルのビデオ報告・講演会であった。その内容は、ビデオにより会の活動状況を紹介した後、長野県八坂村(現大町市)、新潟県松之山町(現十日町市)、群馬県粕川村(現前橋市)からの現地報告、そして最後にふるさときゃらばんの主宰者石塚克彦さんの「棚田は偉い」

という演目の講演が行われた。七月には新潟県職員の野沢恒雄さんを講師に迎え、セシオン杉並で「風の道、水の道」のタイトルでスライドを用いた講演会を開催、幻想的な棚田の風景とインディアン音楽で観客を魅了した。

一方、この年から棚田ネットワークとの関係が深い鴨川市大山千枚田保存会との交流が始まった。三月にふるきゃらの高橋さん、高野さんと一緒に鴨川を訪ねると当時保存会の副会長であった石田三示さん（現NPO法人大山千枚田保存会理事長、衆議院議員）、鴨川市農林水産課課長補佐の渡辺寿雄さん、鴨川市農林業体験交流協会の事務局長清水宏さんの三名が待っていた。双方が交流を強く希望していたので交渉はすぐにまとまり、棚田ネットワークが大山千枚田で、地権者の一人川崎憲さんの九枚の棚田を利用して田植、草取、稲刈、脱穀の農業体験を行うことが決まった。四月二九日の祭日に実施した田植ツアーには二七名が参加したが、現地ではそれを倍するカメラマンが待ち受けていてびっくりした。そして一二月には地元民に対して棚田の持つ価値の意識づけを行うため、棚田ネットワーク主導による鴨川棚田シンポジウムを市民会館で開催。私の紹介で招いた棚田オーナー制の先進地奈良県明日香村の担当職員高内良叡さん（明日香の名刹橘寺の御曹司）の基調講演と司会を私が務め高内さん、高野さん、本多利夫市長などをパネラーにしてパネルジスカッションを行った。

一九九九年には高野さんが専従職員に就任、新宿区牛込柳町の地域起こし交流拠点として知られる居酒屋新浪漫亭二階に事務所を設け、会の体制は一層整備された。しかし、新浪漫亭は大正時代

筆者自身も参加した鴨川市大山千枚田の復田作業

に建築された老朽施設、その二階の物置部屋だったので、大地震があれば間違いなく倒壊すると思われ、ここからの脱出が喫緊の課題になった。

現地活動は八坂と鴨川で継続、とくに二年目の鴨川では川崎さんの耕作放棄地を復田し、無農薬・無肥料によるイネ作に挑戦したため、田圃のなかを這い回る草取りを2回行う必要があった。二回目の草取りでは、イネの葉先が頬に触れて切れ、ヒリヒリしたことを思い出す。地元の大山千枚田保存会では、棚田ネットワークを二年間受け入れたことにより、都市住民との付き合い方を学び、翌年から棚田オーナー制を導入することになるのである。

一方、棚田の啓蒙活動は、一層力を入れて臨み、初めて財団法人日本船舶振興会（日本財団）から助成金を得て、新潟県の情報発信拠点、表参道新潟館・ネスパスを会場にして都市住民を対象にした棚田の連続講座を三期三年間にわたって開くことになった。講座は各月一回、春（五月～七月）・秋（九月～一一月）・冬（一月～三月）の三学期にわけた九回の企画。一九九九年の第一期のラインアップは、第一回中島の「私と棚田」、第二回早稲田大学教授石居進さんの「トキと棚田」、第三回東京学芸大学大学院生秋本洋子さんの「地すべりと棚田」、第四回日本農村風景研究所勝原文夫さんの「日本人の原風景と棚田」、第五回米穀店大提灯中島晢さんの「棚田の米」、第六回石垣を讃える会佐々木卓也さんの「棚田の石垣の歴史」、第七回農水省構造改善局職員新田康二さんの「棚田保全への取り組み」、第八回新潟県松之山町の農業認定者田中富士雄さんの「地域づくりと棚田」、第九回高野さんの「棚田を守る―環をつなぐために」であった。

二〇〇〇年三月、第一回の会員総会にあたる運営委員会が開かれ、組織の整備が始まった。活動は八坂・鴨川の現地活動と棚田講座の二本柱。講座第二期は、第一回東京大学名誉教授石井進さんの「棚田の歴史」、第二回日本民家再生リサイクル協会常任理事廣川和徳さんの「山村の民家」、第三回里地ネットワーク事務局長竹田純一さんの「地元学による住民参加と棚田」、第四回農水省農業環境技術研究所守山弘さんの「棚田の生き物」、第五回明海大学教授森巖夫さんの「棚田と森林―森とむらをめぐる新しい波」、第六回岸さんの「新農業基本法と棚田」、第七回千賀さんの「棚田と水利・治水」、第八回枯木又エコ・ミュージアムの会事務局長山田栄さんの「棚田の二十一世紀」、第九回國學院大學教授大崎正治さんの「東南アジアと日本の棚田」であった。[20]

二〇〇一年二月、名実ともに内容を整えた第二回の会員総会が開かれた。活動は前年度に引き続き八坂・鴨川の現地活動と棚田講座であり、棚田の学校講座第三期は第一回リクルート地域活性部中山洋子さんの「グリーンツーリズムと商品企画」、第二回麻生さんの「農村景観と棚田」、第三回農と自然の研究所代表理事宇根豊さんの「百姓仕事が自然をつくる」、第四回農水省農村振興局土地改良企画課宮本均さんの「棚田と食料・農業・農村政策」、第五回上勝町棚田を考える会会長谷崎勝祥さんの「上勝町の棚田」、第六回日本農業新聞報道部編集委員緒方大造さんの「メディアと棚田」、第七回広島民俗学会常任理事神田三亀男さんの「中国山地山間棚田の民俗」、第八回宇都宮大学教授水谷正一さんの「バリ島の棚田」、第九回カントリーウォーカー山浦正昭さんの「棚田の歩き方」であった。(21) 助成金を得た三年間の棚田講座により、講師の人たちと人脈を築くことができるとともに、棚田ネットワークの認知度を高め、会員の拡大にも寄与、会員数は一四二名になった。一方、現地活動としての八坂プロジェクトは遠隔地のため、交通費と宿泊賃の負担が大きくこの年かぎりで終了した。

15 棚田百選の選定

棚田保全検討調査委員会からの提案を受けて、農水省は棚田百選の検討に入り、一九九九年六月に構造改善局長名で選定委員の委嘱を行った。委員長は農村整備センターの理事長浅原辰夫さん、委員は棚田保全検討調査委員会のメンバーである岸さん、木村さん、中島の三名のほか、あらたに大島さん、勝原さん、京都大学農学部教授高橋強さん、立正大学教授富山和子さん、日野市長馬場弘融さん、新潟大学工学部教授樋口忠彦さんたちが加えられた。

第一回の委員会は六月一五日に開かれ、選定の趣旨説明と、傾斜二〇分の一以上の斜面にある水田であること、保全の取り組みがなされていること、原則として一ヘクタール以上の団地であることなどの選定基準が確認された。そして具体的な作業として、私がすでに選んでいた七二か所の主要な棚田景観地区が参考として示され、全国の都道府県に呼びかけて百選の推薦候補地区をあげてもらうことになった。

作業は急ピッチで進められ七月一六日に開かれた第二回の委員会では一四九か所の候補地が示された。このなかから、傾斜が二〇分の一以下である地区三か所、団地面積が一ヘクタール以下の地区三か所、現状がコンニャク畑やジャガイモ畑の地区2か所、耕作放棄率が三〇％以上の地区六か所、耕作放棄率は三〇％未満であるが放棄率の伸びが高い地区一か所、合計一五か所が一四九か所から除外され、写真と資料により一一七市町村、一三四か所が百選の棚田として選定された。その結果は中川昭一農林水産大臣の名で一九九九年七月二六日に公表されたのである。(22)

この一連の作業は、短期間でなされ、かなりハードな仕事量であり、報告書としてまとめられている。(23)それをほとんど一人でこなしたのが当時農村整備センターの主任研究員であった重岡徹さん（農村工学研究所主任研究員）であり、その仕事振りは賞賛に値するものであった。私は、百選の選定委員として写真や資料だけでなく、現地を訪ね自分の目で確かめる責務があると考えてい

日本の棚田百選のＰＲパンフ

『百選の棚田を歩く』表紙

た。このため、棚田の研究に回帰して始めていた全国の棚田巡りに一層精を出すことにした。研究に回帰して最初に訪ねた長野県千曲市姨捨が一九九五年五月二一日、そして最後に訪ねた島根県旭町（現浜田市）都川が二〇〇一年三月一六日、この間六年近い歳月を費やし、委員のなかでただ一人、百選一三四か所の棚田巡りを行い、完結したことを誇りに思っている。その踏破の記録は、「百選の棚田を歩く」、「続・百選の棚田を歩く」にまとめて出版した。(24)

16　棚田学会の誕生とその活動

棚田保全検討調査委員会の提案がどのように伝わったかは明確ではないが、棚田学会創設の動きは石塚さんが学会創設を口にし、棚田保全検討調査委員会のメンバーである大島さんに相談したことから始まった。早速一九九八年一一月に石塚さん、大島さん、千賀さんとふるさときゃらばんの高橋さん、ひらつか順子さん、杉山多美子さんが集まり、創設に向けての話し合いが行われた。この会合で大島さんが強く主張したのは、間口を広くし、いろんな分野の人の参加を促すため、トップは農業の専門家ではない人にしたいということだったそうだ。この時、すでに大島さんは「月刊文化財」の棚田特集号で世話になった石井さんを意識していたのである。

私には大島さんから話があり、一九九八年一二月には最初に集まったメンバーのほか石井さん、篠原孝さん（当時農水省農林水産政策研究所所長、現衆議院議員）と中島が加わり棚田学会準備会が開かれた。その後棚田学会設立準備幹事会と名称が改められ、海老澤さん、春山さん、山岡さん、国学院大学教授小川真之さん（民俗学）たちが新たに加わり学会発足まで五回の会合が開かれ、学会の性格、学会活動、役員構成などが議論された。この間の経緯は大島さんが棚田学会一〇周年記念誌に詳しく述べられている。(25)

棚田学会は、一九九九年八月三日に日本橋三越劇場で設立総会が開かれ、会長石井さん、副会長石塚さんと中島、理事千賀さんほか一六名、会員数四六七名で発足。農学関係（農業土木・農業経済・農業政策）、歴史学、地理学、民俗学、考古学、建築学などの研究者、農民、行政関係者、報道関係者、一般都市住民などで構成され、大島さんが構想した通りの学際的・市民的な学会が誕生したのである。

目的は、会則第二条に明記されているように、棚田の研究と保全及び会員相互の連絡を図ることとされ、研究対象である棚田の保全を標榜するきわめてユニークなものである。この目的を達成するため、総会時のシンポジウムの開催、年一回の学会誌と年三回の学会通信の発行、年一〜二回の現地見学会と談話会の開催、若手研究者の発表会などを実施している。また、二〇〇五年には石井進記念棚田学会賞を創設、棚田研究と棚田保全に顕著な業績のあった研究者や保存団体に学会賞、若手研究者に奨励賞を授与している。

私は会の発足と同時に副会長に就任、二〇〇一年一〇月初代会長石井さんの急逝にともない会長代行を務めた。二〇〇二年八月木村尚三郎さん（東大名誉教授）が第二代会長就任にともない副会長に復帰、二〇〇六年一〇月木村さんの急逝により、再び会長代行を務めた。二〇〇七年八月、第三代会長に就任、「私が第一になすべき責務は任期を無事に終えることであり、さもなければ第四代会長になる人がいなくなるからです」という会長挨拶を行った。また、会員の一人として学会の機関誌に二本の論文と一本の事例研究を発表した。(26) 二〇一一年八月に無事会長の任期を終え、棚田学会顧問に就任、現在に至っている。

17　中山間地域等直接支払制度

二〇〇〇年度から実施された中山間地域等直接支払制度は農水省の施策である。私自身直接には関っていないが、棚田サミットの開催、棚田百選の選定、棚田学会の設立などによる社会における棚田に対する関心の高まりや棚田連絡協議会による棚田地域助成の署名運動などを背景にして生まれた施策と考えられているので、ここで触れておくことにする。

従来、政府の助成は用水路・農道・施設などの建設、圃場整備、機械の購入など主としてモノを対象とするものであったが、この制度は農家の所得を補償するという画期的な施策であった。内容は過疎などの条件不利地で農振農用地（土地利用計画のなかで農地以外の利用が禁じられている土地）のうち、われわれが棚田としている急斜地（傾斜二〇分の一以上の斜面）水田を5年間継続して耕作すれば一〇アール当たり年間二万一〇〇〇円を支給するというもの。実際には集落単位で協定を結び、半額は個人に支給するが半額は集落で留保し、用水路の改修や農道整備などに当てられることになっている。

制度は実施期間五年とされたが、延長されて現在第三期の三年目である。中山間地域等直接支払制度の対象面積は二〇〇〇年（第一期一年目）一二万九二三七ヘクタール、二〇〇一年一五万二四七四ヘクタール、二〇〇二年一五万八二八〇ヘクタール、二〇〇五年（第二期一年目）一五万五一三二ヘクタール、二〇〇七年一五万七八二三ヘクタール、二〇〇八年一五万八一二〇ヘクタール、二〇〇九年一五万八一六七ヘクタール、二〇一〇年（第三期一年目）一五万三〇七六ヘクタール、二〇一一年一五万五七七七ヘクタールである。

これは、農家が五年間棚田の耕作を約束した面積であり、実際には直接支払を受けてない棚田も多少あるので正確ではないが、現存する棚田面積に近い数字と考えてよい。直接支払初年度の二〇〇〇年こそ制度が十分に理解されなかったのか、約一三万ヘクタールであるが、それ以後は今日まで一五万ヘクタール台で推移している。これらの数字から、中山間地域等直接支払制度により、棚田の耕作放棄に歯止めがかかったことが理解される。棚田地域を歩いてみると、直接支払がなかったならば、棚田は残っていないという声をよく耳にすることからも、放棄の歯止めを実感することができる。

18 新しい文化財としての文化的景観

文化庁の調査官本中さんは、長野県千曲市姨捨（田毎の月）と石川県輪島市白米千枚田の名勝指定で経験した現在も耕作を続けている棚田を静態的文化財に適用してきた名勝で捉えることは多くの困難があると判断、新しいジャンルの文化財としての文化的景観の創設へ向けて行動を開始した。

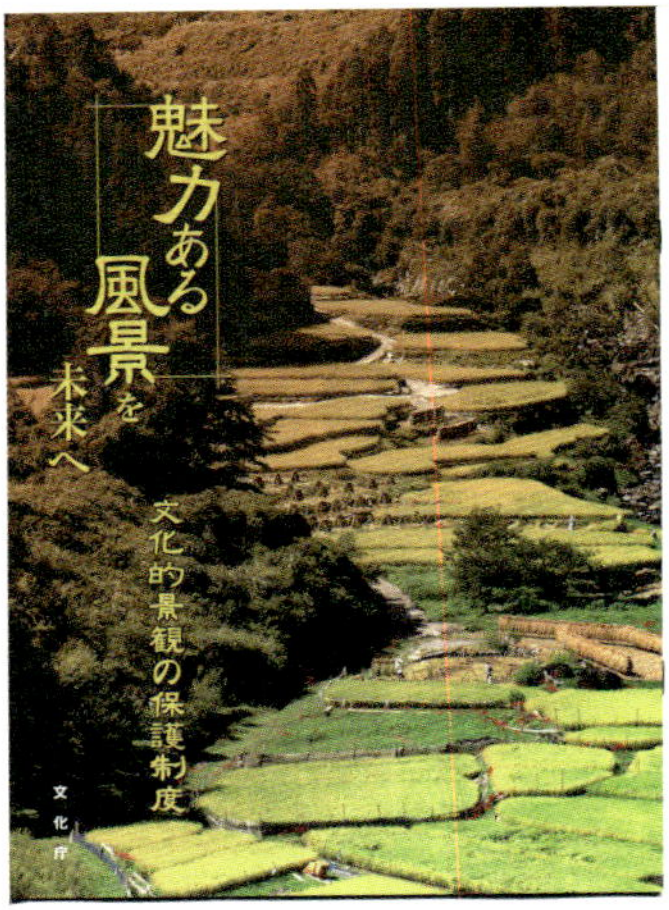

文化的景観ＰＲパンフの表紙は
熊本県球磨村松谷の棚田

二〇〇〇年一〇月、文化庁に「農林水産業に関連する文化的景観の保存、整備、活用に関する検討委員会」を立ち上げた。メンバーは、棚田学会から石井さん、石塚さん、千賀さん、春山さん、そして中島の理事五名、他に百選の選定委員だった樋口さん、名勝指定のコンサルだった米山さん、金田章裕さん（京都大学教授　歴史地理学）、中越信和さん（広島大学教授　植物生態学）、藤本強さん（新潟大学教授　考古学）、吉田博宣さん（京都大学教授　造園学）、赤坂信さん（千葉大学助教授　風景計画学）、下村彰男さん（東京大学助教授　森林風景計画学）、小野佐和子さん（千葉大学助教授　庭園デザイン学）の一四名で委員長に石井さんが就任した。この委員構成から判るように、メンバーの半分は棚田学会あるいは棚田関連の人たちであり、文化的景観が棚田から発想されたものであることを示している。委員会は、二〇〇二年六月までに五回審議が行われ、途中石井さんの急逝により教え子の服部英雄さん（棚田学会理事　九州大学教授　日本中世史）に交代、藤本さんが委員長になった。

五回の審議では、まず文化的景観を「農山漁村地域の自然、歴史、文化を背景として、伝統的産業及び生活と密接に関わり、その地域を代表する独特の土地利用の形態または固有の風土を表す景観で価値が高いもの」と定義し、一次調査で二三一一件の文化的景観地域を選びだした。

次に、二三一一件を対象にして二次調査を行い、①農林水産業の景観又は農林水産業と深い関連性を有する景観で、独特の性質と構成要素が認められること。②景観百選の類に選定又は出版物等において紹介され、一般的に風景上の価値が周知されていると判断できること。③現在においてもなお農林水産業又はこれらに代わる営みが継続され、景観が維持されていること。④近年の改変による大規模な影響を受けず、本質的な価値を伝えていると判断できることなど四つの条件を示し、このうち二つ以上の条件を満たしている五〇二件を候補として選択した。またこの調査の結果、文化的景観は①土地利用に関するもの。②風土に関するもの。③伝統的産業及び生活を示す文化財と一体となり周辺に展開するもの。④上記三者の複合景観の四つに分類できることが明らかになった。さらに、五〇二件うち①独特の土地利用の典型的な形態を顕著に示すもの。②固有の風土的特色を顕著に示すもの。③多種類の異なる景観が複合し地域的特色を顕著に示すものなどに該当する一八〇件を重要地域として選択し一覧表を作成した。重要地域一八〇件のうち、棚田景観が半分以上の九二件も含まれていることは、文化的景観が棚田から出発したことのなによりの証となるものである。

同時に、委員会では地方公共団体が条例により地域住民の合意に基づく面的な保護を講じたものに対して、国が必要な支援を行う制度を新たに設けることができるよう文化財保護法の改正を提案した。この提案を受けて、文化庁は二〇〇五年四月文化財保護法を改正し、伝統的建造物群につぐ新しいジャンルの文化財として文化的景観を創設したのである。(27)

19　第八回以降の全国棚田サミット

二〇〇二年に鴨川市で開催された第八回全国棚田サミットは内容を一変させる大会であった。全国棚田サミットは、棚田連絡協議会が一年に一回開くイベントであり、開催地の行政を中心とした実行委員会によって企画がたてられる。第八回以前のサミットでは、第四回新潟県安塚町(現上越市)

で三つの分科会が開かれたほかは、第一回千賀さん、第二回木村さん、浜美枝さん（女優）、第三回日本女子大学教授今村奈良臣さん、岸ユキさん（女優）、第四回坂田明さん（ミュージシャン）、第五回松阪大学助教授寺口瑞生さん、第六回は浮羽町（現うきは市）と星野村（現八女市）の共同開催だったので柳生博さん（俳優）、立松和平さん（作家）、中島の三人、第七回富山さんなどのような名のある研究者や著名人の特別講演あるいは基調講演と現地見学会が主な内容であった。

鴨川市では、行政よりも大山千枚田保存会が中心になったので、これとパートナー関係にあった棚田ネットワークが全面的に協力、私も実行委員会のメンバーに加わり企画において主導的な役割を果たすことになった。このため、ビジネスチャンスと考え接近、ネットの理事にまでなった電通社員も棚田ネットのパワーに圧倒され、いつのまにか姿を消してしまった。

棚田ネットワークは、鴨川以前のサミットが学者の一方的な話しであったり、著名人の情緒的なお喋りであったりした基調講演や特別講演ではなく、保全に結びつく実際的な話題をスピーカーと聴衆が双方向的に話し合う分科会方式にすべきであるという提案を行った。提案は実行委員会で承認され、棚田ネットワークで再び検討し、一〇のテーマと私の人脈を活用して一〇人のコーディネーターを選び、分科会を立ち上げた。こうして、鴨川サミットでは堂本暁子千葉県知事の特別記念講演と分科会がメインイベントになったのである。

ここで、一〇のテーマとコーディネーターを紹介すると、①「オーナー制の運営と棚田」中島、②「地域づくりと棚田」千賀さん　③「米流通と棚田米」吉田俊幸さん（高崎経済大学教授）④「環境教育と棚田」小泉武栄さん（東京学芸大学教授）、⑤「生物多様性と棚田保全」水谷さん、⑥「ボランティアと棚田」岸さん、⑦「棚田と圃場整備」木村さん⑧「田舎暮らしの現実と課題」高野孟さん（インサイダー編集長）、⑨「棚田景観の保全と活用」麻生さん⑩「日本農業の再生と棚田」宇根さんであり第一線の研究者を揃えたものであった。(28)

これを機にして、第九回以降の棚田サミットは分科会を中心にして、県知事あるいは地元学者の基調講演を加えたイベントになった。予算を縮小した第一二回宮崎県日南市と実行委員会が機能しなかった第一三回栃木県茂木町を除き、第一八回熊本県山都町まで四～六分科会が開かれており、鴨川市で始まった分科会を重視するサミットが踏襲されているのである。

ところで、棚田サミットは、今後開催が決定しているものまで含めると、二〇年以上にわたって継続することになる。しかし、振り返ってみると第一二回日南市サミットで終了する危機に見舞われたことがある。連絡協議会は、自治体会員と個人会員から選ばれた幹事（行政の部長・課長）、理事（行政の首長）とさらに理事のなかから選ばれた副会長二名、会長一名からなる組織である。通常会長はサミットを開催した行政の首長が一年間、副会長は次年度および次次年度開催の首長が二年間務めることになっている

ところが、二〇〇五年第一一回愛知県鳳来町（現新城市）サミットが終了した時、副会長が次年度開催の宮崎県日南市長のみになった。これは、それまで開催を名乗り出ていた行政が平成の大合併を控えてか、あるいは財政難からか手を上げなくなったからである。

このままでは、サミットが終了するという危機に直面した連絡協議会は、二〇〇六年二月の理事会で、自治体会員のなかで未開催の行政に対し開催を呼びかける係りとして棚田サミット開催地選定委員会を設置、その働きに期待をかけることになった。選定委員会は理事一名、幹事二名によって構成され、別に役員以外の会員で棚田サミット開催に関し知識・経験等を有する者を特別委員として加えることができることになっている。理事会は、その人選に入ったが、首長が委員になることは難しいということから、個人会員の理事である私と他に二名の幹事（開催地行政の部・課長とふるさときゃらばんの関係者）が選ばれた。

第15回棚田サミットが開催された十日町市の棚田
（新潟県十日町市星峠）

私は、選定委員会の委員長になり、ほとんど単独で行動、行政に呼びかける行脚を始めた。最初に呼びかけた自治体は、棚田ネットワークが活動場所にしている栃木県茂木町であった。町長の古口達也さんが取り組みの作業を労うため、われわれの宿泊先に挨拶に来た折、話を始めて交渉を進め、開催にまで漕ぎ着けることができた。これで二〇〇七年第一三回サミットの実現に目途が立ち、流石にほっとして一息つくことができた。

第一四回サミットは長崎県出身の安井一臣さん（棚田学会理事）を特別委員にして働きかけた結果、雲仙市と長崎市が手を上げ調整に苦慮したが、第六回浮羽町（現うきは市）・星野村（現八女市）の先例をあげて共同開催の実施で決着を図った。

第一五回サミット開催地新潟県十日町市の旧松代町は、棚田ネットワーク創設時以来の仲間である木戸さんのふるさと。木戸さんは棚田に囲まれて育ったせいか棚田のDNAを持ち、棚田と聞くと反応が早く、サミットを主催する連絡協議会が会員募集を行った時も、入会者第一号になったという伝説の人である。勿論、木戸さんに特別委員になってもらい松代の支所長に働きかけたが、なかなかよい返事はもらえなかった。しばらくして、木戸さんの計らいで十日町の副市長大島貞二さんに会うことでき、話は急速に進展、開催に辿り着くことができた。

第一六回開催地の静岡県松崎町については特別の感情を持った地区である。松崎町石部の棚田は、棚田百選の選定では候補に上がっていたが、耕作放棄率が五〇％を越えていたので、候補から除外した数少ない地区の一つ。このため、選定委員として忸怩たるものがあった。

その後、石部は静岡県棚田等十選に選ばれたことが励みになり、石部地区棚田保全推進委員会会長高橋周蔵さんたちの頑張りで復田作業が進み、富士山を望む見事な棚田景観が蘇った。百選に選ばなかった非礼を詫び、ここを舞台にしたサミットの開催を考え、二〇〇五年一二月に実施された棚田学会の現地見学会で知己になった松崎町企画観光課長の森秀己さんを窓口にして話を進めた。行政としては地元の盛り上がりが必要ということで、部落総会に出席してサミット開催のメリットなどを説明、地元の関心が高まった結果、ようやく開催が決定した。

第一七回開催地徳島県上勝町は、二人の熱心な棚田連絡協議会の個人会員、地元でコンサルの会社を経営する澤田俊明さんと役場ＯＢで専業農家の谷崎勝祥がいるところで早くからサミットの話があった。私も澤田さんや谷崎さんが開く棚田の意識づけを行うシンポジウムや集落の話合いの場などに数回足を運び、澤田さんを特別委員にして行政にも働きがけを行った。しかし、行政が躊躇したのは人口二〇〇〇人規模の町では宿泊施設や会場の収容人数が小さく、棚田のある現場までの道も狭く大型バスが入らないといった問題であった。それならば、最初から事情を説明し、参加人数を制限、規模を縮小して開催すればよいという勧誘を行い、開催を承諾してもらった。

第一八回開催地の山都町は、調査で出かけた折に棚田ネットワークの友好団体である地元の棚田保存団体、菅地域振興会会長の渡辺正弘さん、会のメンバーでもある町議の梅田幸男さんを通じ開催をよびかけた。話が進展したのは、梅田町議の紹介で副町長の岩永恭三さんと農林振興課長の上野善宏さんに会ってからであり、最終的には町長の甲斐利幸さんとの話し合いで開催が決定した。

今後の開催が予定されている第一九回和歌山県有田川町は、調査に訪れた際町長室に寄ってもらいたいという伝言があり、訪ねると町長の中山正隆さんから開催の申し出があり、汗をかかずにサミットが決定した唯一の例である。第二〇回山形県上山市は、二〇〇三年六月に実施された棚田学会の現地見学会以来親交を重ねてきた山形県農山漁村計画課職員、地域づくり専門員高橋信博さんの棚田に対する熱い思いが開催決定に結びついた。山形県は高橋さんたちによる棚田保全の取り組みに熱心な県で、「やまがたの棚田二〇選」をえらび、毎年山形棚田サミットを開催、県全体での盛り上げを図っている。第二一回佐賀県玄海町は原子力発電所のある町だが、西海に沈む夕日に映える浜野浦の棚田でも知られている。第一〇回の棚田サミットを開催した唐津市蕨野を訪ねる度に訪問を重ね開催が決定した。二〇一二年一〇月現在、ここまでが連絡協議会に開催の要請書を提出、理事会が開催を決定したサミットである。

二〇一五年の第二一回サミット以降については、特別委員である大石惣一郎さんが開催に向けた運動を展開している新潟県佐渡市、開催を名乗りでようとしている長崎県波佐見町があることを紹介しておきたい。

20 NPO法人になった棚田ネットトワーク（二〇〇二〜二〇〇七年）

二〇〇二年は、棚田ネットトワークにとってエポックメーキングな年である。まず、二月に棚田支援市民ネットトワークの最後となる第三回会員総会が開かれ、これまで略称とされた棚田ネットトワークが正式名称になった。そして四月には設立総会が開かれ、特定非営利活動（NPO）法人棚田ネットトワークに衣替えしたのである。

最初の役員は理事一二名、代表中島、事務局長高野さん、会計木戸さん、運営委員相田さん、私が開成学園で教師をしていた時の教え子、それ以来親しく付き合ってきた井上正行さん（会社員）、江間直美さん（会社員）、神田茂実さん（会社員）、小宮健さん（会社員）、鈴木正昭さん（団体職員）、次の時代の棚田ネットを担う人材として期待される高山承之さん（会社員）、服部雅行さん（会社員）、八幡美佐子さん（主婦）たちであった。

現地活動は鴨川に集中させ、サミットの開催にあたり企画から実施まで全面的に協力、サミットの盛り上げに協力した。一方、棚田の学校は自力で継続、会場を事務所のある浪漫亭二階の会議室に移して開くことになった。棚田の学校第四期第一回野沢さんの「スライドと音楽による映像詩アーススピリット」、第二回びれっじ編集長の永田麻美さんの「私の見た農村」、第三回東京農業大学講師栗田和弥さんの「棚田と里山」、第四回吉田さんの「米流通と棚田米」、第五回農水省農村振興局職員桑原耕一さんの「直接支払制度と棚田」、第六回愛媛大学大学院農学研究科修士課程片岡美喜さんの「農と食をつなげる棚田」、第七回こめ蔵福満店主福満敏博さんの「伊根の棚田応援団」、第八回佐渡の専業農家高野毅さんの「トキが翔ぶ島」、第九回鴨川市専業農家吉野静雄さんの「棚田農業にみる農民の知恵」、第一〇回本中さんの「文化財保護と棚田」、第一一回佐渡住環境研究会事務局長十文字修さんの「Iターンを語る」であった

二〇〇三年は、現地活動と棚田の学校の二本柱のうち後者に比重を置いた活動が見直される年になった。過疎・高齢化した山村に出掛けて行って支援するのがネットワークの本来の使命という意見が強くなり、イオン財団から助成金をえて、「棚田協力隊プロジェクト」が立ち上げられた。棚田協力隊は、猫の手（現地で活動できる人）、スポンサー（現地には行けないが資金を提供する人）、

棚田のある農山村の三者を結んで進める活動で棚田の保全作業に一層特化したプロジェクトとして位置づけられた。具体的にはスポンサーが提供した資金（一口一万円で新米6キロ保証）で猫の手を新潟県職員が紹介してくれた新潟県松之山町（現十日町市）浦田新田地区へ送り込み、保全作業に当たってもらうという仕組みである。

第五期棚田の学校は一回限りであったが、棚田協力隊を広く知ってもらうために、インサイダー編集長の高野孟さんを講師に招き、「都市農村交流と棚田協力隊」というタイトルの講演会を早稲田大学の教室を会場にして開催した。

ひと

棚田保全の道を開いて早大教授を定年退職する

中《なか》島《しま》峰《みね》広《ひろ》さん（70）

自分の田植え足袋、ゴム長、草刈り鎌を手に、三重県紀和町の丸山千枚田、千葉県鴨川市の大山千枚田などに出かけていく。田起こしやあぜ塗りもこなす。

「おのずと体が動いてしまう。農作業は幼いころ刷り込まれましたから」

小学生まで、掘割が縦横に走る佐賀県筑紫平野の村で育った。馬の飼い葉用の草刈り、田植え、稲刈りは体に染みこんでいる。

大学の恩師は農業水利の権威で、一緒に調査に歩いた。石川県輪島市白米の棚田などの水源を確かめ、雨水だけが頼りであるという俗説を正した。

「乏しい水をいかに有効利用するか。農民の知恵と努力に感動しました」

専門は畑地灌漑《かんがい》だが、棚田の耕作放棄や荒廃に無念の思いを募らせていた。

転機は95年だった。筑波大で開かれた国際地理学会に「持続的農村システム」として棚田の保全を発表。高知県檮原《ゆすはら》町で開かれた第1回全国棚田サミットには、1200人も参加した。

「風が変わった。棚田ルネサンスの年でした」

それ以来、「棚田百選」選定で全国を回り、棚田学会も発足。中山間地の水田には直接支払制度もできた。都市住民が田植えや稲刈りをする棚田オーナー制度も広がっている。

「サミットやオーナー制度がなければ、棚田の大部分は消えてましたね」

新刊の「百選の棚田を歩く」（古今書院）も間に合って13日、教え子たちの求めで最終講義を行う。

文・写真　清水　弟

「家で食べるのは棚田米だけです。今朝のは佐賀県相知町産」

朝日新聞「ひと」欄にトキのえさ場作りの作業姿が紹介された筆者

この年は、トキの自然放鳥を見据えてのえさ場をつくる佐渡プロジェクトが始まった年としても忘れられない。毎年七月の海の記念日に佐渡市月布施地区に出かけ、地元農家と一緒になって、集落背後の山地斜面にある放棄田を復田してえさ場にする作業。アシを切り払い、その株をクワで掘り起こす作業は山ヒルに悩まされ、泥水を浴びながらの力仕事で、現在に至るまで継続している。

二〇〇四年は、新宿区西新宿のビル街に事務所を開設、喫緊の問題とされた事務所問題を解決した年である。中島と高野さんの共同出資で東信ビル七階のワンルームマンションを購入、自前の事務所を持つことになった。また、この年はじめて東京ボランティアセンターの紹介で日立製作所のCSR活動をサポート、本社社員をボランティアとして百選の棚田の一つ栃木県茂木町入郷地区に送り込んだ。

現地活動は棚田協力隊を派遣する松之山とトキのえさ場を作る佐渡プロジェクトが継続され、棚田の学校第六期は五回開催された。第一回農水省農村振興局職員田中卓二さんの「ミニコンサート」、第二回利き酒師市嶋彰さんの「雪と水と米の恵み」、第三回長野県千曲市姨捨名月会会員渡邉すみ子さんの「百姓よもやま話」、第四回株式会社スズノブ社長西島豊造さんの「棚田米販売作戦」、第五回早稲田大学教授筑波常治さんの「お米の品種の歴史と現状」であった。

二〇〇五年は、まずIT技術に長けた三〇歳台の若手専任スタッフ高桑智雄さんが入会したことをあげなければならない。彼の入会によって、棚田ネットワークのホームページは一新され、ネットの情報発信力は飛躍的に向上、以後の活動の方向性に大きな影響を持つようになるのである。

現地活動は松之山、佐渡に加え、新たに茂木プロジェクトが加わることになった。栃木県茂木町は、車を走らせても東京から三時間はかかる。公共の交通機関ならば、上野から東北本線の小山まで行き、水戸線に乗り換え下館で下車、さらに真岡線で終点まで乗れば茂木である。時刻表で調べてみると、列車の乗車時間だけで三時間二分を要する辺鄙な土地。ここを活動場所にしたのはプロジェクトリーダー安井さんのフィールドだったからである。かつて昆虫少年であった安井さんは、現役時代栃木県結城市にあったドイツの薬品会社バイエルクロップサイエンスの研究所に勤務、休日には世界一小さいといわれるハッチョウトンボを追いかけて茂木まで足を伸ばしていた。

私も百選の棚田を巡る旅で、茂木は馴染みの土地であり、棚田ネットワークの会員になった安井さんと小山駅から彼の車に同乗、一緒にハッチョウトンボを探して走り回るようになった。そのうちに、茂木町から棚田ネットワークの活動場所として元気のない集落の一つ、小深地区を紹介され、ここで耕作放棄田を利用してトンボ池にする取り組みを始めたのである。

一方、棚田の学校第七期は春学期森の学校キョロロ学芸員永野昌博さんの「棚田と生き物の素敵な関係」、夏学期安井さんの「ハッチョウトンボと棚田」、冬学期田中卓二さんの「ドイツの環境支払いと日本の棚田」の三回が開催された。

二〇〇六年は、棚田ネットワークが誕生して一〇年目に当たり、大規模な記念事業が開催され、新しい動きがみられた年である。棚田ネットワーク十周年記念の東京棚田フェスティバルは、一一月に事務機器の大手商社大塚商会本社の社員食堂で開催された。棚田ネットと大塚商会の縁は、私と大塚商会の会長大塚実さんとのご縁によるもの。私が会長と出会うきっかけは鴨川市大山千枚田である。

ある日、大山千枚田に鴨川グランドホテルから大切なお客さんを案内して欲しいという電話があった。保存会会長の石田さんが面倒と思いながら承知すると、拙著『百選の棚田を歩く』を小脇にした老紳士が訪ねてきて、棚田について熱心に質問をし、最後に「何か困っていることはないか」と訊ねられたそうだ。石田さんが事務機器の商社ということで「コピー機があれば助かります」というと、早速同行の秘書にコピー機の手配を指示、さらに大雨で崩れた棚田を見て「どうして直すのか」と聞かれ、「ユンボがあれば楽なのですが」と答えると、これも購入してもらうことになったのである。会長が持っていた拙著は、私の教え子である会長の次男大塚厚志君に私が退職記念にあげたものだったのだ。石田さんからは、その日のうちに興奮してわが家に電話があり、「福の神が現れました」といってことの経緯を説明してくれた。

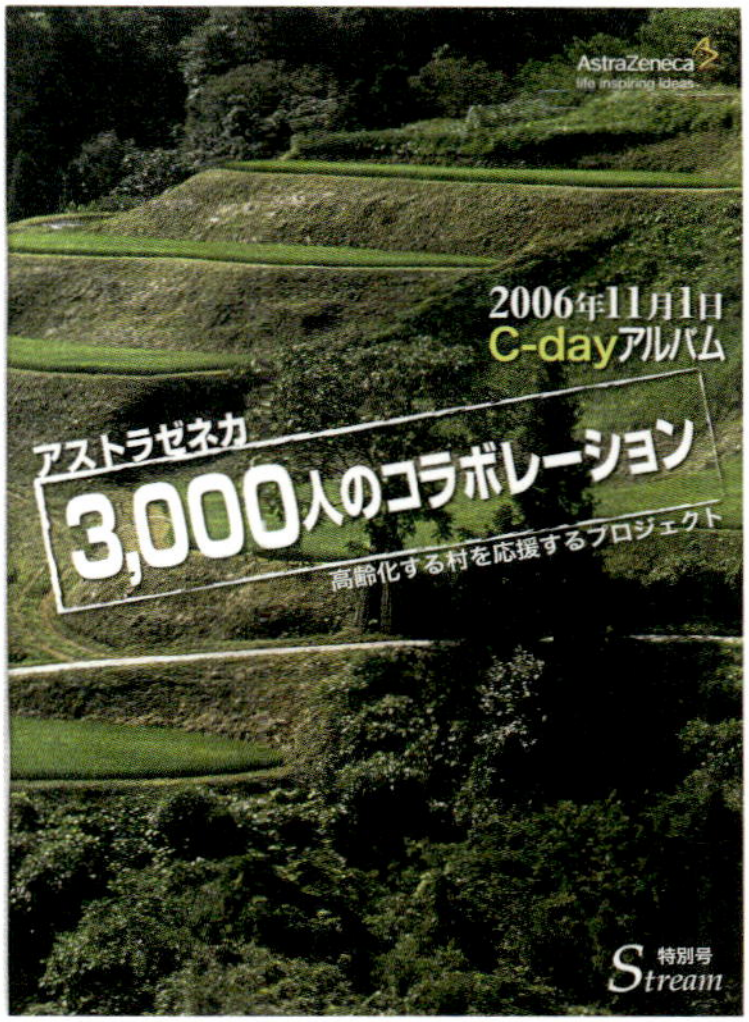

アストラゼネカ社の CSR 活動を
紹介するパンフ

それから、会長とは大山千枚田の収穫祭で毎年顔を合わせる仲になり、そのご縁で大塚商会本社食堂を借りることができたのである。

　フェスティバルは、「私の人生を変えた棚田の魅力」について大塚会長と私の対談、「今、なぜ棚田なの」という若者のパネルディスカッション、会員酒井英次さんの絵画展と写真家青柳健二さんのスライドショー、能登輪島市から招いた御陣乗太鼓と鴨川・里舞グループの棚田創作舞踏、歌手Yae・会員の田中さん・東大教授山路永司さん（棚田学会理事）率いるあんご合唱団によるミニコンサート、棚田八地区の物産販売など盛り沢山のメニューだった。

この年、ネットが初めて経験する大きな取り組みが始まった。東京ボランティアセンターから紹介された世界的な製薬会社アストラゼネカのCSR活動のサポートである。会社の計画では五年間にわたり一〇〜一一月の一営業日をCday（CSR活動の日）にして、全国に展開する社長以下三〇〇〇人の全従業員を一斉にボランティア活動に従事させるというもの。この提案を受けて、棚田ネットワークでは過疎・高齢化する山村地域を支援するという名目で、棚田地域を中心とする北は北海道の当別町から南は熊本県水俣市に至る四〇か所を、これまで棚田地域を歩いて築いてきた人脈を活用して短期間で紹介、一一月一日に実施されたCdayを成功させた。東京ボランティア市民活動センター主任河村暁子さんはCdayを企業の社会貢献活動のBig Bangの日といって評価した。

その他、松之山・茂木・佐渡の現地活動の継続と棚田の学校第八期春学期青柳さんの「日本と世界の棚田の風景」、夏学期大山千枚田保存会の皆さんによる「夏休み工作教室」、冬学期坪井雪子さんの「クリスマス・お正月リース作り」が開催されたが、八期まで続いた棚田の学校はこの期で終了した。

二〇〇七年は、棚田協力隊が挫折し、新しい活動を模索した年である。二〇〇三年に立ち上げた棚田協力隊は初年度こそイオン財団からの助成金で猫の手の交通費・宿泊費の一部を補助することができたが、次年度からはスポンサーを十分に確保することができず、活動はしだいに縮小した。そのうえ活動する現場を新潟県の職員組織棚田サポーターに委ねたため、活動を棚田サポーターに吸収されてしまい、庇を貸して母屋を取られるという事態になった。それでも、耕作放棄地が耕作されればよいかとも思ったが、この年をもって終了することを代表がリードして決断した。これで、現地に出かけて行って保全の作業をするという取り組みは二度目の挫折を味わうことになり、ネットの進むべき道について一年間熱い議論が続いた。

これに対し、茂木・佐渡プロジェクトは継続され、アストラゼネカの取り組みは、活動場所がさらに拡大した。初年度十分な準備期間がなかったため沖縄営業所の十数名が飛行機で福岡へ飛び、さらにバスで佐賀県唐津市蕨野まで出かけてボランティア活動を行うという壮大な無駄をしたので、県内の国頭村に新しい活動場所を見つけることにした。このような調整を私とアストラゼネカの社員が現地を訪ねて行い、二年目は活動場所が全国五七か所に広がった。

21　最近の棚田ネットワークの活動（二〇〇八年から現在まで）

二〇〇八年は、棚田ネットワークが目指す方向を見つけて歩き始め、事務所の体制が整備強化されたことで、再出発をした年といえる。この流れを作ったのが三井物産環境基金の助成金である。

助成申請案件名「棚田保全活動に関る地域団体の調査とそのネットワーキング」、活動期間三年間、申請金額五六〇万円の大型プロジェクト。実際には全国三〇か所の棚田保存団体を訪ね、団体の組織や活動内容を調査、最終的にその調査内容を共有し、棚田ネットと団体あるいは団体同士の情報交換を活発にして、さらなる発展を目指そうというもの。このために、調査員となった会員を初年度山形県朝日町椹平、栃木県茂木町石畑、千葉県鴨川市平塚、新潟県十日町市池谷、十日町市松代、長野県千曲市姨捨、岐阜県恵那市坂折、静岡県松崎町石部、愛知県新城市四谷、佐賀県唐津市蕨野など一〇地区に派遣し、聞き取り調査を行った。

事務体制の整備強化は二人のシニアと一人の若手が入会、専任スタッフになったことである。シニアはドコモを退職した上久保郁夫さんと凸版印刷を退職した永瀬孝さん。上久保さんは技術職であったにも拘らず会の法人事務と会計を担当、高野さんの個人商店的会計を外部監査にも耐えうる法人会計に一新させた。永瀬さんは、私が大学を出て開成学園の教師になった頃出雲から上京してきた大学生、同じ家に下宿して定食屋でめしを食べ、銭湯に行った仲。それ以来の友人であるが、日曜大

刷新された機関紙「棚田に吹く風」

工の特技があり、東急ハンズで部品を調達、書棚・机を作り、事務所を機能的な仕事場に一変させた。若手は久野大輔さん、PR雑誌やパンフなどの編集に携わる現役のデザイナーである。彼が棚田ネットのスタッフになり、機関紙の編集に関わるようになった第六四号（二〇〇九年四月号）から「棚田に吹く風」のタイトルはデザイン化され、まるで風に吹かれているような文字に変身した。さらに、第七〇号（二〇一〇年五月号）より編集に全面的に参画、A４判からB５判にかわり、商業誌なみのビジュアルな紙面に変貌した。これら三人の加入により、事務所は不定期だった開所時間を月曜から金曜の午後一時〜六時と決め、スタッフの常駐化が実現した。

現地活動は茂木・佐渡が継続、新たにイオン財団から助成金をえて、棚田ネットの創設メンバー、岐阜県立国際園芸アカデミーに勤務する相田さんをリーダーにして、恵那市坂折でのビオトープ作りがスタートした。三年目のアストラゼネカの取り組みは、さらに拡大、全国五五か所でボランティア活動が行われた。

二〇〇九年は、全国の棚田を保全する団体である保存会とのネットワーキングを深化させた年である。二年目の地域団体調査は、新潟県長岡市木沢、石川県輪島市白米、静岡県菊川市上倉沢、岐阜県高山市滝町、兵庫県多可町岩座神、大阪府能勢町長谷、鳥取県三朝町三徳、山口県周南市中須北、佐賀県有田町岳、熊本県山都町菅など一〇か所で行った。これら一〇地区と初年度の一〇地区を加えた二〇地区の代表者をアメリカの金融会社ゴールドマンサックスからえた助成金を活用して招き、一一月第四回東京棚田フェスティバルが開かれた翌日、棚田保全団体リーダーに対する一日研修会を開催した。研修会では、オーナー制度のあり方、都市農村交流。イベントの活用方法、棚田米の販売などについて意見交換が行われた。

現地活動は茂木・佐渡・恵那が継続、四年目のアストラゼネカの取り組みは台風による中止地区があり、全国五二か所でボランティア活動が行われた。新しい取り組みとしては棚田応援米のシールを作成、棚田米販売のサポートを始めた。大手食品商社菱食（現三菱食品）に山形県朝日町椹平と新潟県長岡市北荷頃の棚田米を紹介、棚田ネットのシールが貼られた棚田米が販売されることになった。

二〇一〇年は、棚田ネットを紹介するパンフに、活動の方向性が具体的に図示され、会員がその目指す方向を共有できた年である。パンフには、環状に「つなげる」、「交わる」、「伝える」、「記録する」、「調べる」、「手伝う」が配置され、重要な位置を占める「つなげる」では棚田地域間の連携支援、オーナー制・体験プログラムなどの紹介、企業のCSR活動のサポートなどが掲げられ、「交わる」では棚田保全団体やNPO・企業・学生、その他関連団体との交流・協働があげられている。

この年四月、総会で承認された役員は代表中島、事務局長高野さん、理事は相田さん、井上さん、木戸さん、安井さん、大分大学経済学部准教授の山浦陽一さん、上久保さん、IT情報に強い若手の清水一徳さん、久野さん、監事は大山千枚田オーナー会会長の安原正紀さん、永瀬さんであり、NPO法人として発足した当時の役員で残っているのは中島、高野さん、相田さん、井上さん、木戸さんの五人のみで半分以上が一新された。会員数は一般・学生会員三二〇名、法人会員七社で、遅々とした足取りであるが、二〇〇一年から二倍以上になった。

三年目の地域団体調査は、栃木県矢板市兵庫畑、埼玉県横瀬町寺坂、富山県氷見市長坂、岐阜県揖斐川町貝原、奈良県明日香村稲渕、和歌山県有田川町蘭島、島根県吉賀町大井谷、山口県山口市徳地町三谷、高知県檮原町神在居、福岡県うきは市葛籠など一〇か所で行った。これらと一・二年度の調査地を加えた三〇か所の調査結果をまとめ報告書を作成した。(29)

現地活動の茂木・佐渡・恵那、棚田販売のサポートは継続、五年目のアストラゼネカの取り組みは最大規模になり、全国六一か所でボランティア活動が行われた。活動はこの年で終了することになったが、ＮＰＯ法人パートナーシップ・サポートセンターより、棚田ネットワークとアストラゼネカ社にパートナーシップ大賞が授与された。

22 おわりに

棚田の研究に回帰してからの一七年間、棚田への道を振り返ってみると、棚田の研究を基本としながら、棚田関連三団体といわれる棚田ネットワーク、棚田連絡協議会、棚田学会と関ってきた日々であったといえる。その日々は、決して楽な道ではなかった。棚田ネットワークでは、しばしば進むべき方向性について挫折を繰り返し、右へ左へと転換を余儀なくされ、財政問題では綱渡りの状態であった。

棚田連絡協議会では、自治体が進んでサミットの開催を申し出ることがなくなってから、開催地検討委員会の委員長に任ぜられ、サミット継続の重責を担うことになった。二〇〇六年宮崎県日南市で第一二回サミットが開催される前の数か月間は最も危機を感じた時であった。サミットでは、終了時に次回開催地の首長がサミットへの参加を呼びかける挨拶を行うことが恒例になっている。このため、次回開催地の首長挨拶がなければサミットの終焉を意味することになり、必死の気持ちで開催地探しに走り回った。茂木町の関係者に熱く提案を重ねた結果、第一三回サミットの開催が決まり、ようやく愁眉を開くことができた。その後の開催地についても、和歌山県有田川町を除き、数回は足を運ばなければならなかった。

一九九九年八月に創設された棚田学会では、二〇〇一年一〇月に初代会長石井さんが任期なかばで急逝されてからは、第二代の木村さんが冠としての会長であったため、副会長、あるいは会長代行、会長として退任する二〇一二年八月までの約一一年間、学会を実質的に牽引する役割を担ってきた。二〇一〇年一一月、心筋梗塞で緊急入院した時、四代目の会長に繋げるまでは絶対に死ねないという思いで治療に専念した。

しかし、棚田の研究も三団体との関わりも苦しいことよりも楽しいことがはるかに多かった。棚田の研究では、私の地味な研究生活のなかで、唯一脚光を浴びたテーマであり、心躍る思いで論文を書いた。棚田ネットワークでは、現地活動で汗を流す作業も苦にならなかったし、むしろ作業後の充実・達成感に浸り、爽快な気分を味わうことができた。棚田連絡協議会では多くの首長さんと親交を重ね、人脈を広げることができた。棚田学会ではいろんな分野の研究者や行政マンと交わり、これらの人びとから多くの教示と刺激を受けた。

これで私の棚田への道が終わりになるわけではない。棚田は私の生涯の研究テーマであり、棚田ネットワークの代表や棚田連絡協議会の棚田サミット開催地検討委員会委員長も現職である。棚田学会も会長を辞任したが今後も顧問として会を支える積もりである。したがって、私の棚田への道は生ある限り続くものと思っている。

文　献

（1）古島敏雄（一九六七）「土地に刻まれた歴史」岩波書店、二二二頁
（2）中島峰広（一九七四）「本邦における棚田地域の研究―諸塚・紀和・生駒の棚田―」早稲田大学教育学部紀要学術研究、二三号、五七～七三頁
（3）中島峰広（一九九三）「日本における畑地灌漑の歴史地理学的研究」学位取得論文　早稲田大学大学院文学研究科
（4）司馬遼太郎（一九八六）「街道をゆく　二七―檮原街道―」朝日新聞社　三八六頁
（5）Minehiro Nakajima (1996) Cultivation Abandonment and Sustainability of Rice Terraces in Japan. Proceedings of the Tuskuba International Conference on the Sustainability of Rural System 115-125.
（6）ふるきゃらネットワーク編（一九九六）:「棚田―ふるさとの千枚田―」講談社　七一頁
（7）中島峰広（一九九五）「農民労働の記念碑」高知新聞社「神々が降り立つところ」五二～六一頁
（8）中島峰広（一九九六）「棚田の保全」地學雑誌　一〇五巻五号　五四七～五六八頁
（9）中島峰広（一九九七）「棚田の保全」雑誌地理　古今書院　九月号　四三～四九頁

(10) 中島峰広（一九九八）「棚田造成の経緯と棚田の文化的価値」条件不利地域対策と農業農村の整備技術—第二回研究集会報— 農業土木学会・農業工学研究所 八一～八九頁
(11) 東京帝国大学編纂（一九〇五）「大日本古文書、高野山文書之三」富山房、七四六頁
(12) 吉田東伍（一九六九）「増補・大日本地名辞書 第二巻 上方二」富山房、一〇二九頁
(13) 松田文夫編「高野山領紀伊国荒川庄史」一五一頁
(14) 棚田学会第二回シンポジウム（二〇〇一）「すばらしきもの・棚田」棚田学会誌 日本の原風景・棚田二号 二一～一三頁
(15) 高木徳郎（二〇〇六）「棚田の初見資料について」棚田学会誌 日本の原風景・棚田七号 一一一～一二五頁
(16) 本中眞（一九九七）「フィリピンイフガオ地方の高地性棚田景観」月刊文化財 特集棚田 平成九年一月号 文化庁文化財保護部監修 三三～四一頁
(17) 長野県更埴市（二〇〇〇）「名勝姨捨（田毎の月）保存管理計画」二一五頁
(18) 石川県輪島市（二〇〇三）「名勝白米千枚田保存管理計画」一三九頁
(19) 中島峰広（一九九九）「日本の棚田—保全への取組み—」古今書院 二三七頁
(20) 棚田支援市民ネットワーク（二〇〇一）「連続講座棚田 第二期講義録集 二四一頁
(21) 棚田支援市民ネットワーク（二〇〇二）「棚田の学校講義録集 連続講座棚田第三期 一五二頁
(22) 中島峰広（二〇〇〇）「日本の棚田百選」早稲田大学教育学部紀要 学術研究 地理学・歴史学・社会科学編 四八巻 一～一三頁
(23) 農林水産省構造改善局・農村環境整備センター（二〇〇〇）「棚田の文化的価値の保全・活用と農業・農村活性化に関する調査報告書 一四一頁
(24) 中島峰広（二〇〇四）「百選の棚田を歩く」古今書院 二二八頁

中島峰広（二〇〇六）「続・百選の棚田を歩く」古今書院　二九一頁
(25) 棚田学会理事会監修（二〇〇九）「ニッポンの棚田　棚田学会一〇周年記念誌」棚田学会一四四頁
(26) 中島峰広（二〇〇〇）「オーナー制による棚田の保全」棚田学会誌　日本の原風景・棚田　一号二九～四三頁
中島峰広（二〇〇三）「輪島市白米の千枚田を維持する農作業」棚田学会誌　日本の原風景・棚田四号　三三～四七頁
中島峰広（二〇〇七）「全国市町村別の棚田分布につてー一九九二年と二〇〇五年の比較」棚田学会誌　日本の原風景・棚田八号　六九～七四頁
(27) 文化庁文化財部記念物課（二〇〇五）「農林水産業に関連する文化的景観の保護に関する調査研究報告書」三三三頁
(28) 千葉県鴨川市（二〇〇三）「第八回全国棚田サミット報告書」分科会監修棚田ネットワーク一九九頁
(29) ＮＰＯ法人棚田ネットワーク（二〇一一）「棚田とまもりびとー日本の棚田保全の現状―」一七六頁

中島峰広博士傘寿・叙勲記念文集　百人の棚田讃歌　二〇一二年一二月一五日　掲載

2 棚田の定義・分布・作業

1　棚田の定義

棚田は、「傾斜二〇分の一（二〇メートル進んだときに一メートル上がる）以上の斜面にある水田」というのが一般に用いられている面積の把握が容易な定量的な定義である。しかし、これは学会において議論されて決められたものではなく、また農水省において統一されて用いられている定義でもない。その証拠に、二〇〇五年の農林業センサスでは「圃場の形状を問わず、傾斜地に等高線に沿って作られ、田面が水平で棚状に見える水田を棚田とする」という定性的な定義が行われている。

ところで、定量的な定義がどのようにして生まれたかというと、一九九五年に高知県梼原町で開催された第一回全国棚田サミットまで遡らなければならない。この時、梼原町とともに企画を進めていたサミットの仕掛人、石塚克彦（棚田学会副会長）さんに率いられる「ふるさときゃらばん」は全国に情報発信して参加を呼び掛けるために、棚田のある市町村を知る必要があった。その相談を受けたのが当時農水省構造改善局総合整備事業推進室長であった牛島正美（棚田学会理事）さんである。

牛島さんは、農地の圃場整備の状況を明らかにした「土地利用基盤整備基本調査」の市町村別データに目を付け、そのなかの農用地の傾斜区分二〇分の一以上にある水田を棚田とみなし、市町村を選び出すことを教示したのである。農水省が所有するデータのなかで、棚田に該当する定量的な資料はこれ以外にはなく、的確な判断だったと思われる。

データは、市町村別の団地ごとに面積・構成団地数・傾斜・放棄率などを示した詳細な内部資料で、印刷・公表されたものではなかった。これを利用して「ふるさときゃらばん」は棚田のある市町村に参加をよびかけ、すでに東京農工大の千賀裕太郎教授（棚田学会理事）の誘いで棚田保全の仲間に加わっていた私は、サミットの大会資料に掲載するため、市町村別の全国棚田分布図を作成したのである。

完成した分布図は、棚田サミットを盛り上げるため、イベントより早く前述したように朝日新聞の夕刊（一九九五年九月一四日）一面にカラーで「棚田よ荒れるな」というタイトルの記事とともに紹介された。記事のなかで、分布図に示す棚田が傾斜二〇分の一以上の斜面にある水田と規定され、その面積が二二・二万ヘクタールであることが明記されていたため、定量的な定義は広く知られるところとなった。

さらに、農水省が一九九九年に認定した「日本の棚田百選」の選定基準になり、また二〇〇〇年から始まった中山間地域等直接支払制度の対象農地の基準にもなったことで、定義は多くの人に認められ定着したのである。棚田百選では平均勾配二〇分の一以上、団地面積一ヘクタール以上、耕作放棄率三〇％以下という選定基準のなかで最も重要な基準とされており、中山間地域等直接支払制度では対象農地のなかで最も助成金が多い急傾斜地農地の基準として用いられている。

このような経緯で生まれた定量的な定義は、今日農水省の文書や研究論文、新聞・雑誌・テレビ・ラジオなどでしばしば見たり聞いたりすることができる。その経験をする度に、定義の提唱者としての小さな誇りを覚えるとともに、過疎・高齢化の進展、担い手の不足などにより、ますます厳しい条件下におかれている棚田に対し、「荒れるな、消えるな」の思いを強くする昨今である。

棚田学会一〇周年記念誌　ニッポンの棚田　棚田学会　二〇〇九年七月一八日　掲載

2　全国市町村別の棚田分布について――一九八八年と二〇〇五年の比較――

はじめに

全国市町村別の棚田分布は、筆者が一九九五年に作成した図1に示す全国図（中島、一九九六）がある。これは、農林水産省が中山間地域の農地の基盤整備の必要から実施した「水田要整備量調査」（農林水産省構造改善局、一九八八）のデータ、傾斜二〇分の一以上の斜面にある水田を棚田と定義して市町村別に示したものである。

その後、棚田の全国データがなかったため、この図が利用されてきたが、二〇〇五年「農林業センサス」に棚田面積の記載があることから、このデータを使用し、図2に示す新しい市町村別の分布図を作成した。両者の分布図は、定義が異なるため単純に比較することはできないが、その違いに配慮しながらそれぞれの図にみられる特徴や時系列的な変化などについて若干の考察を試みたい。

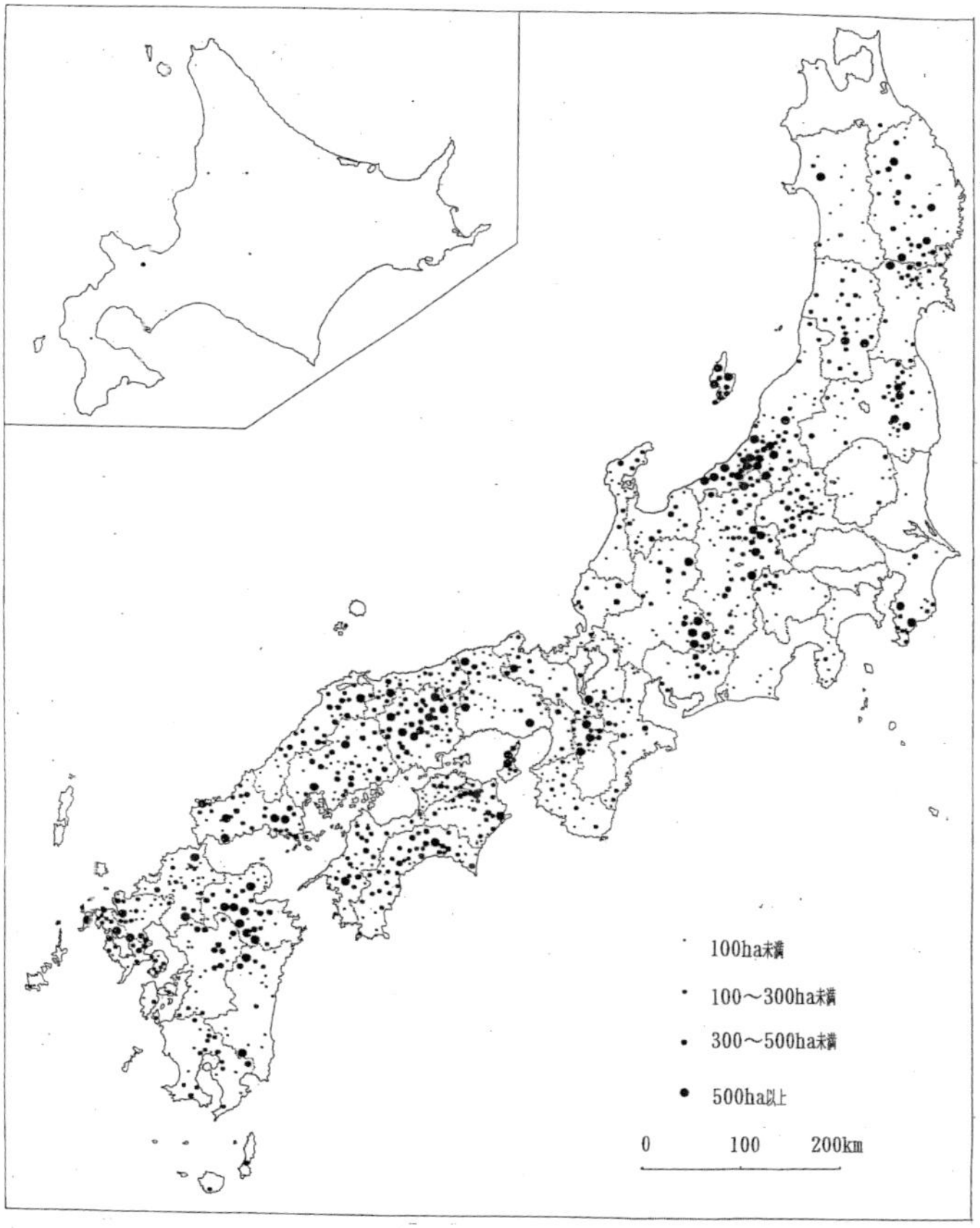

図１　1988年市町村別棚田分布図

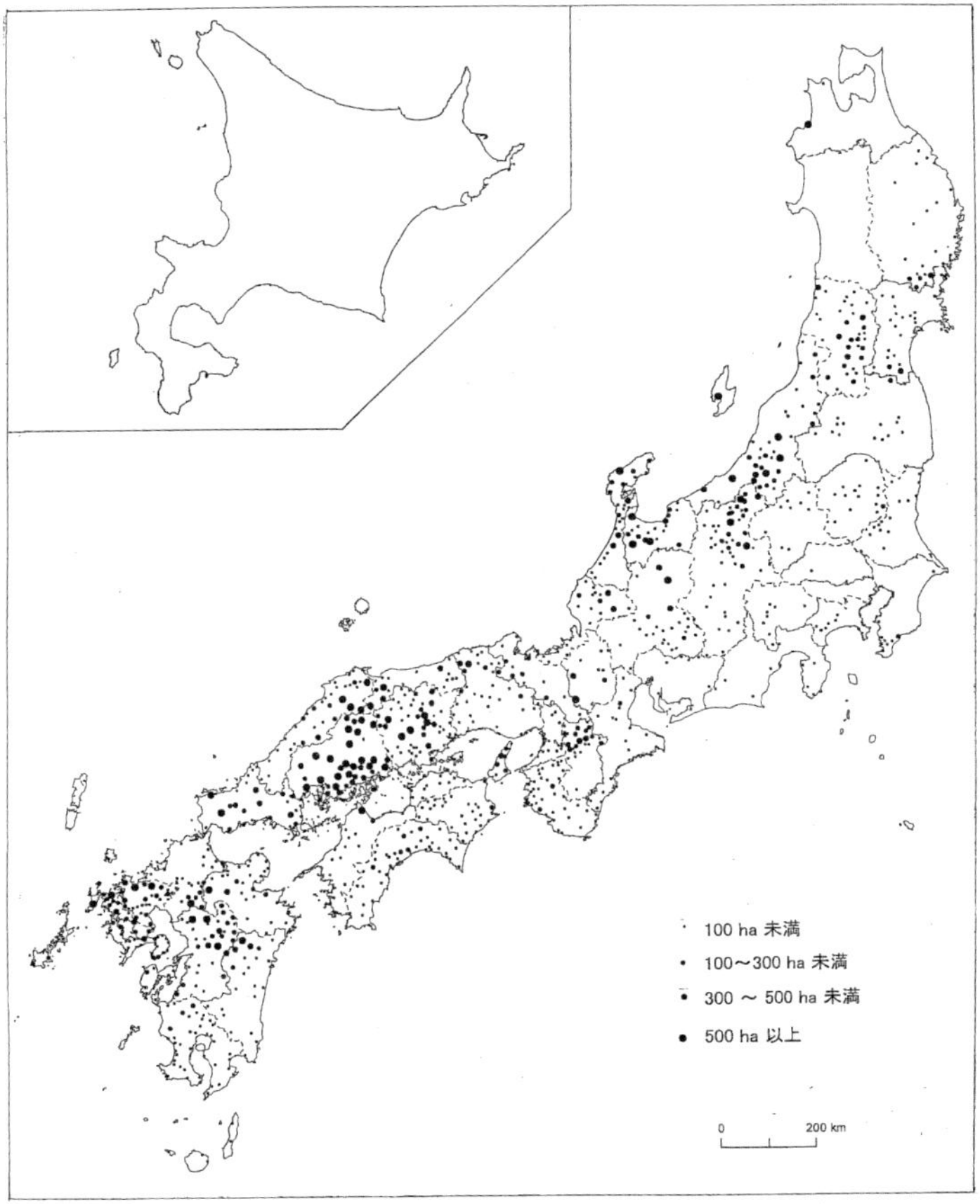

図 2　2005 年市町村別棚田分布図

棚田の定義

「水田要整備量調査」の棚田面積は、客観性のある定量的定義によるものである。この調査では、農林水産省が各市町村の担当者に指示を与え、国土地理院発行の地形図（二万五千分の一）を用い、傾斜二〇分の一以上にある水田面積を測定している。作業は、まず地形図上で、地目に従い水田に着色を行い、着色部分の面積が一ヘクタール以上の団地について、八ミリ（二万五千分の一の地形図上では二〇〇メートルの長さ）の長さのなかに、一〇メートル間隔の等高線が二本以上ある場合、傾斜二〇分の一以上にある水田と判定し、プラニメーターをまわして各団地の面積が計測され、市町村ごとに集計されたものである。

筆者は、棚田面積を定量的に把握するためと視覚的にも棚田と判定できることから、このデータを利用し、棚田を傾斜二〇分の一以上にある水田と規定して市町村別の全国棚田分布図を作成した。この規定による全国図が朝日新聞(1)で紹介されることにより、棚田を傾斜二〇分の一以上の斜面にある水田と定義することが一般化したように思われる。たとえば、一九九九年に農林水産省が認定した「棚田百選」は傾斜二〇分の一以上の斜面にある水田を棚田として選定を行っている（農林水産省構造改善局，一九九九）。また、農林水産省が二〇〇〇年度から過疎・高齢化により耕作放棄が進む中山間地域の農地を保全するために実施している中山間地域等直接支払制度では、棚田と意識される傾斜二〇分の一以上にある水田を急傾斜農地とし、これを耕作する農業従事者に対し一〇アール当たり二万一〇〇〇円を直接に支払う助成を行っている。これらのことから、棚田の定義が一般に定着したと考えられるのである。

これに対し、二〇〇五年の「農林業センサス」（農林水産省大臣官房統計部、二〇〇六）の棚田面積一三万七五七八ヘクタールは定性的定義によるものである。すなわち、定義は「傾斜地に等高線に沿って作られた水田であり、田面が水平で棚状に見えることからこう呼ばれ、――（中略）――圃場の形状は問わない」としている。実際の作業は、統計情報部が市町村の担当者または集落の代表者から聞き取り、集計が行われた。すなわち、市町村の担当者や集落の代表者が傾斜地にあって棚状に見える水田を主観的に棚田と判定した面積が集計されたものであり、定性的な定義によるものといわなければならない。

二つの全国図にみられる棚田分布の特徴

前述したように、二つの全国図は異なる定義に基づくものであり、両者の間にみられる違いを単純に時系列的な変化としてとらえることはできない。そこで、両者の全国図におけるそれぞれの分布上の特徴を記載した後、定義の違いを踏まえた上で両者を比較し、時系列的な変化を考察することにする。

一九八八年の「水田要整備量調査」による全国図についての特徴はすでに拙著（中島、一九九九）に記載されているが、ここであらためて整理し紹介することにする。まず分布を全国的に俯瞰してみると、西南日本に棚田が多いことがわかる。富山県～岐阜県～愛知県より西を西南日本、それより東を東北日本とすると、西南日本に全体の三分の二に当たる一四万四八一二ヘクタールが集中している。また、棚田が三〇〇ヘクタール以上ある市町村数で比較してみても、西南日本と東北日本は一四一対六八であり、おおよそ二対一の比率を示し、面積の比率と一致している。

次に、三〇〇ヘクタール以上の棚田を有する行政単位が連続して五市町村以上ある地域を卓越地域とするならば、岩手・宮城県境の千厩丘陵、新潟県佐渡島の海岸段丘、同県の頸城丘陵、岐阜県南部の東濃丘陵、岡山県の吉備高原、高知県東部の四国山地、大分県の阿蘇・九重火山山麓などがあげられる。なかでも、新潟県の頸城丘陵、岡山県の吉備高原、大分県の阿蘇・九重火山山麓は三〇〇ヘクタール以上の棚田を有する行政単位が連続して一〇市町村以上存在する卓越地である。

これらに続いて、三〇〇ヘクタール以上の棚田を有する行政単位が連続して三～四市町村ある地域が奈良県の奈良盆地周縁の丘陵・山地、兵庫県淡路島の北淡路丘陵、徳島県の阿讃山地などである。

一方、二〇〇五年の「農林業センサス」による全国図では西南日本に分布が著しく偏り、全国の棚田の八〇％以上に当たる一一万二二一七ヘクタールが西南日本に集中している。また、棚田が三〇〇ヘクタール以上ある市町村数で比較してみると、平成の大合併も考慮に入れなければならないが、西南日本と東北日本は九九対二〇であり、おおよそ五対一の比率を示し、東西差は一段と拡大する。

次に、三〇〇ヘクタール以上の棚田を有する行政単位が連続して五市町村以上ある卓越地域は、新潟県頸城・魚沼丘陵、岡山県吉備高原、広島県の島嶼部を除く、ほぼ全県の市町と鳥取・島根県にまたがる中国山地の地域、佐賀・長崎県の松浦半島、福岡・熊本・大分県にまたがる筑紫山地などがあげられる。なかでも、中国山地は三〇〇㌶以上の棚田を有する行政単位が広島県二九市町、鳥取県三町、島根県五市町の三七市町が連続し、際立った卓越地域となっている。

これらに続いて、三〇〇㌶以上の棚田を有する行政単位が連続して三〜四市町村ある地域が富山県南部の丘陵、長野県の北信濃山地、岐阜県の飛騨高地、山口県の中国山地、熊本県の阿蘇火山山麓であり、三〇〇㌶以上の棚田を有する行政単位が連続して二市町村ある地域が石川県の金沢東部丘陵、奈良県の奈良盆地周縁の丘陵・山地、兵庫県の但馬山地などである。

二つの全国図の比較考察

二つの全国図を比較して、まず注目されるのは図から判るように、棚田面積の減少である。一九九二年に農水省と日本土壌協会が行った調査で把握された棚田面積二二万一〇六七㌶から二〇〇五年には一三万七五七八㌶になっており、三八％ほど減っている。棚田が耕作放棄により消えていることは現地の踏査においても実感されることである。同時に、棚田の減少に明瞭な東西差があることを指摘しなければならない。すなわち、西南日本は一一万二二一七㌶で二二％の減少に止まっているのに対し、東北日本は二万五三六一㌶で六七％も減少している。

このことをさらに詳しくみてみると、西南日本では減少率が愛知・徳島・香川・高知・大分県で八〇％以上であるが、八県が五〇％以下であり、逆に富山・石川・島根・広島・佐賀・熊本の六県では棚田が増加している。ことに、広島県は九三九五ヘクタールから三万五四〇九ヘクタールと三・八倍もの増加になっている。

一方東北日本では、棚田がなくなった北海道、秋田県をはじめてとして東北地方、関東地方、新潟・長野・山梨・静岡県で著しい減少がみられる。減少率は、岩手・福島・群馬・千葉・山梨・静岡県が八〇％以上である。ことに、群馬県と山梨県は減少率がそれぞれ九九％、九八％と高率であり、棚田がまさに絶滅危惧種とでもいえるような状況になっている。また、一万ヘクタール以上の面積を有していた新潟・長野県でも五〇％以上の減少で、棚田が半減している。

このような東西差をどのように理解したらよいのか。同じような米づくりの環境にあって、棚田の減少率が西南日本では二〇％台であるのに対して、東北日本では七〇％近くもあるということが実際にありうるのであろうか。全国の現地踏査の経験からはこれほどの東西差があるとは思われない。

その正否を判断する参考資料として、二〇〇五年度の中山間地等直接支払制度の対象面積がある。対象面積のうち急傾斜地水田というのは、傾斜二〇分の一以上にある水田、すなわち棚田のことである。これを五年間耕作することが助成金交付の条件になっているので、対象となっている急傾斜地水田の面積は耕作されている棚田面積と考えてよい。その面積は、全国一五万五一三二ヘクタール、そのうち西南日本が九万五四三四ヘクタール、東北日本が五万九六九八ヘクタールである。これを二〇〇五年の「農林業センサス」と比較してみると、全国図は直接支払制度の対象面積より西南日本は一万六七八三ヘクタールほど多く、逆に東北日本は三万四三三七ヘクタールほど少なく表示されている。

このことをさらに詳しく検討するために、直接支払制度の対象面積と一九八八年の棚田面積を比較してみると、減少率は全国が三〇%、西南日本と東北日本がそれぞれ三四%と二二%であり、極端な東西差はみられず、むしろ西南日本の方が高くなっている。また、「農林業センサス」で棚田がない北海道と秋田県には直接支払の対象となった棚田がそれぞれ五〇四四ヘクタール、二四九五ヘクタールほど存在し、棚田が半減した新潟県と長野県の減少率もそれぞれ一二%、三%と低率に止まっている。

これに対して、二〇〇五年の「農林業センサス」図で棚田が増加している六県のうち、直接支払制度の対象面積より多くなっている四県の棚田面積、富山県の七二六ヘクタール、広島県の二万五七八〇ヘクタール、佐賀県の六〇一ヘクタール、熊本県の五一ヘクタールをどう理解したらよいのか。これだけの面積が直接支払も受けずに耕作されているとは考えられない。おそらく、耕作されていない棚田、あるいは放棄された棚田が加えられているものと思われ、ことに広島県ではその数が耕作されている棚田の数倍にのぼっていると想像される。

これらのことから、二つの全国図を比較していえることは、全体として棚田は減少しているが、二〇〇五年の「農林業センサス」図においては、西南日本では耕作されている棚田よりかなり多くの面積が、一方東北日本では耕作されている棚田より少ない面積が示されており、著しい東西差が生み出されている。したがって、このことを勘案して二〇〇五年の全国図を見る必要がある。

最後に、何故このような東西差が生まれたかということであるが、日本の東西における棚田に対する意識と思い入れの違いによるものではないだろうか。前述したように、二〇〇五年の「農林業センサス」では、棚田の把握が市町村の担当者や集落の代表者の主観的な判断を伴う定性的定義によるものであった。これらの人々は、西南日本では石積みの棚田が多いこともあり、景観的にも明確にとらえられるため、棚田を強く意識して認識することができるのに対して、東北日本では主として土坡の棚田であり、圃場整備された棚田が多いために、棚田としての意識が低く、認知されないのではないだろうか。また、広島県立農業試験場が中心になって、一九七八年に「日本の農業――あすへの歩み」において「棚田の再開発」について集中的な議論を行っていることからも判るように、西南日本、こと広島県では早くから棚田に対する関心が高く、たとえ耕作されてなくとも、あるいはスギ林になっていたり、放棄されていたとしても、棚田に入れておきたいという思い入れが強かったということが背景にあるものと考えられる。

付記、ここでは二〇〇五年の「農林業センサス」で棚田と区別して示してある谷地田について言及しなかった。谷地田とは、丘陵・山地の谷底平野に拓かれた水田のことであるが、当然谷底平野の上流部では傾斜が生まれ、そこには傾斜二〇分の一以上の斜面にある水田も存在する。したがって全国三万一一三〇ヘクタールのうち、いくらかは棚田といえるものである。その東西分布をみてみると、ほぼ五〇％ずつの比率であり、谷地田のなかの棚田部分を加えると前述した東西差は幾分和らげられるものと思われる。

謝辞　二〇〇五年の「農林業センサス」図を作成するに当たり、資料の入手などでご尽力いただいた棚田学会会員田中卓二氏に深謝の意を表します。

注

（1）朝日新聞一九九五年九月一四日　夕刊

参考文献

（1）中島峰広（一九九六）「棚田の保全」地學雑誌　一〇五巻、五四七〜五六八頁
（2）中島峰広（一九九六）『日本の棚田—保全への取組み』古今書院　二五二頁
（3）農政調査委員会（一九七八）「棚田の再開発」日本の農業—あすへの歩み—一一四、一二一頁
（4）農林水産省構造改善局（一九八八）「水田要整備量調査」の付属資料
（5）農林水産省構造改善局（一九九九）「日本の棚田百選—推薦一四九地区　概要個票」一四九頁
（6）農林水産省構造改善局・日本土壌協会（一九九四）「傾斜地帯水田適正利用対策調査報告書」一二五一頁
（7）農林水産省大臣官房統計部（二〇〇六）「二〇〇五年農林業センサス農山村地域調査結果概要」五七頁

棚田学会誌　日本の原風景・棚田　第八号　棚田学会　二〇〇七年七月三一日　掲載

3　棚田は土石流跡地や地すべり地に拓かれた

地すべり地にみられる水抜井戸（愛媛県西条市千町）

「梅雨明け十日」という言葉がある。南の太平洋高気圧が北の大陸からの気団を押し上げ日本全土を覆い梅雨明けになった後、十日間は晴天が続き炎暑の季節になることの譬えだ。しかし今夏は太平洋高気圧の勢力が弱く南北の気団が本土上でせめぎ合い前線が停滞、長雨や集中豪雨となり、広島市の安佐南・北区に多数の死者をもたらす土石流災害を引き起こした。災禍を蒙った住民の方々には心よりお見舞い申し上げる。

ところで、巨礫と土砂で押し潰された家屋の様子を見て、気がついたことがある。あの被災地は過去にも同じよう土石流が発生し、その跡地を棚田にしたところだったのではないか。というのは、実際に棚田地域を歩くと多くの地域で土石流が発生したことを聞き、また地すべり防止の水抜き井戸が各地に存在すること

棚田跡地（広島県安佐南区緑井８丁目）

から、日本の棚田は谷地田型起源のものを除けば土石流跡地や地すべり地に拓かれたものが多いと考えているからである。

そこで、これまで発行されたすべての地図を保管している九段下の国土地理院関東地方測量部で最も古い一九二五（大正一四）年測図二万五千分の一地形図で宅地化以前の状況を見てみると、避難所になった梅林小学校より西の旧緑井村の山麓部（山麓緩斜面）は水田、東の旧八木村は原野か畑地になっている。その違いは用水がえられたかどうかの違いによるものと考えられる。緑井村の水田は傾斜七分の一の斜面にあり、棚田だったことがわかる。このことから被災地の状況を見て想像するに、人力のみで土石流が運んできた礫で石垣を築き、土砂を集めて棚田にしたのではなかろうか。重機のない時代コアストーンと呼ばれる巨礫を他所へ運ぶ術はなかったであろう。棚田が農民労働の記念碑といわれる所

現存する棚田（広島市安佐南区八木４丁目）

土石流跡地（広島市安佐南区緑井８丁目）

地すべり地の土坡の棚田（新潟県長岡市木沢）

以である。

このことから中国地方全体を考えてみると、日本の棚田卓越地の一つでもある吉備高原や石見高原を含む中国山地は主として古い地質時代の花崗岩からなっている。今回の災害から判るように、堅い花崗岩は熱の変化に弱く、風化しやすくマサ土の厚い層を形成する。マサ土は大量の雨で水を含むと地下水と一緒になり巨礫をまじえて崩落、土石流を引き起こす。その跡地の緩斜面に石積みの棚田が築かれた。中国山地ではこのような土石流起源の棚田のほかに、同じ花崗岩が風化してできたマサ土からたたらに用いる砂鉄を採取するために行った鉄穴流しの跡地を利用した石積みの棚田がある。

一方、地すべりは土石流同様マスムーブメントの一つであるが、土石流が突発的瞬時に

破砕帯地域の石積みの棚田（愛媛県西条市千町）

して起こるのに対して長期的に連続して起こる現象である。地質構造からみると第三紀層地域と秩父古生層・片岩地域の二つに大別される。たとえば石川県輪島市白米千枚田では水抜き井戸ができるまで、毎年春の田作り作業は地すべりで地割れした田面をかけやで叩き田面を修復することから始まった。地域的には東日本の新潟・富山・石川・長野県の第三紀層丘陵地域と西日本の和歌山・徳島・愛媛・高知県などの破砕帯地域であり、これら諸県に地すべりの七〇％以上が集中しているといわれる。日本第一の棚田卓越地である新潟県の頸城丘陵は固結度の低い砂岩・泥岩・頁岩・凝結岩などからなり、風化して粘土になり易く、雪解けなどで大量の水が供給されると地すべりが発生する。これに対し西日本の中央構造線に沿う破砕帯地域では多数の断層により岩石が破砕されて粘土の生成に結びつき、多量の水を含むと地すべりが起る。このような地すべりによってできた緩斜面に棚田が拓かれた。かくして東日本の第三紀層丘陵地域では土坡の棚田、西日本の破砕帯地域や中国地方では石積みの棚田が生まれたのである。

棚田に吹く風　二〇一四年秋号　第九四号　ＮＰＯ法人棚田ネットワーク　掲載

4　輪島市白米の千枚田を維持する農作業

はじめに

輪島市白米の千枚田は、海辺にあるわが国を代表する棚田景観の白眉とされる。

農水省農村振興局と農村環境整備センター（二〇〇二）が行った棚田景観の調査では、評価の高い景観の構成要素として急斜地（七分の一以上）、広い地区面積（一ヘクタール以上）、枚数の多さ（一〇〇枚以上）と小さな区画（五アール以下）、低い耕作放棄率（二〇％未満）、多様な構成要素などをあげている。白米は、傾斜四分の一以上、地区面積四ヘクタール、棚田枚数一〇〇四枚、一枚の面積〇・四アール、耕作放棄率八・三％（農水省構造改善局・農村環境整備センター、一九九九）であり、日本海、七ツ島の構成要素の多様性を有するなどいずれも優れた景観構成要素の要件をクリアしており、わが国を代表する棚田景観をつくりだしている。

しかし、その景観は細分化された作業をともなう多大な労力によって生み出されていることを忘れてはならない。そこで、白米の中心的な農家である日裏幸作氏の農作業日誌を資料にして、千枚田を維持するための農作業の報告を行い、消えつつある伝統的な農業技術の継承に資したいと考える。

2　白米日裏家の耕地と労働力

千枚田における農作業が季節的に何時始まり、具体的にはどのような作業が行われるのかを明らかにするために、日裏幸作氏の一九八四（昭和五九）年三月二六日～一〇月一七日の農作業日誌を用い説明することにする。これからわかるように、農道もなく、小さな区画の千枚田では、一部での耕耘機、草刈機、収穫後の脱穀機・籾摺機などの使用をのぞいてはすべて手作業で行われている。その作業実態は、現在も続けられているとともに近世以来の伝統的な農法に近いものということができるであろう。

日裏家の耕地は、表1の作業場所および図1に示すように、国道二四九号線より上の三か所、アンダ（エタ・カタタ）、アンダの上、ノダケ、国道より下の一か所、三拾刈の四か所に分散している。アンダが面積一二六九㎡・六六枚、アンダの上が面積八三六㎡・一九枚、ノダケが面積三八七㎡・一四枚、三拾刈が面積一四八五㎡・一二一枚である。苗代田はアンダの上に一枚、ノダケに二枚、ハザ架け場はアンダの上に二か所設けられていた。

労働力は、世帯主の幸作氏（当時六〇歳）が中心で、孫の子守をしながら農作業を手伝う妻（五七歳）、農協に勤務し、休日と農繁期に休暇をとって手伝う長男（三一歳）、収穫期のみ手伝う父（八四

表1　輪島市白米の千枚田における農作業日誌（1984年3月26日～10月17日）その1

月日	作業場所	作業内容および関連記事
3月26日	自宅裏および自宅下道路	午前中自宅裏の木起こし。夕方自宅下道路の除雪、雪を川に捨てる。
28日		農協が注文した肥料と保温折衷苗代の油紙を持ってくる。
30日	アンダの上	朝食前2時間、崩れた苗代田のクリ（法面）を直し、土を上げる。
31日	松熊用水	午前8時30分、松熊用水100mの土水路をコンクリートU字溝に改修するための打ち合わせを現場で行う。
4月1日（日）	松熊用水	午前中組長4名と現場で工事見積、午後総寄合を開き、人夫賃15万円で請負う。
2日	松熊用水	Sさんと水路の改修工事にかかる。午後2時30分頃、坂口さんからの連絡でたばこ火による墓場の火事を集落の人とともに消しに行く。玉木組がU字溝（25cm）50本、（20cm）50本、合計100本持ってくる。
3日	松熊用水	区長、Sさんと3人でU字溝50本を入れて目地をする。
4日		午後区長と2人で馬場町の病院に友人の見舞いに行った折、松熊用水や谷川用水のことが話題になり、松熊用水については補助事業の対象になることの示唆を受ける。そこで、市役所の観光課と耕地課に行き、谷川用水の改修工事を補助事業とすることを願い出る。
5日	松熊用水	区長、Hさんと3人で改修工事の床掘りを行う。午前10時頃観光課・耕地課の職員が補助事業になったと知らせに来る。
6日	松熊用水	Hさんと2人でU字溝46本を入れて目地をする。
7日	松熊用水	区長､Hさんと3人で松熊用水の改修工事のすべてを終える。おやつ代2800円。
10日	アンダ・アンダの上	ミツカネ30俵（1俵20kg、600～800円）の一部を残してまく。1500kgの収量が見込まれる。
11日	アンダの上	夕方、苗代田の荒起しを耕耘機で行う。松熊用水の改修工事の人夫賃を支払う。
12日	アンダの上・ノダケ	長男と2人で苗代田3枚の荒起しと畦塗りを行う。
13日（日）	谷川用水	午前中町内総出で水路の掃除。午後農道の整備。
16日	アンダ	田打ち（荒起）を始める。アンダ（エタ）ではミツクワを使う。昼休みにミツクワの柄1本入れる。
17日	作業場	朝食前ニガ（籾殻）に火を入れタンタン（焼き籾殻）作りにかかる。区長さんと2人で市役所の耕地課へ補助事業の手続きに出かける。名鉄観光修学旅行センターの主任と愛知県安城東高校の先生が来訪。生徒が草刈りの農業体験を行う現場に案内する。孫の1歳の誕生日。
18日	アンダ	耕耘機でアンダ（カタタ）の荒起を行う。
19日	アンダ・アンダの上・ノダケ	荒起とその地ならしを行う。午後苗代田で糸を張り、肥料をまく。
20日	アンダ・アンダの上	荒起を行う。水桶に漬けていた種籾を上げ、40℃以下のぬるま湯の風呂の中に一晩漬ける。
21日	自宅庭	タンタンが足りないので、宮腰さんからニガを貰い、午前中に焼き上げる。風呂から上げた種籾の芽出しを促すために、ニガの中に入れ、湯をかけて一晩寝かせる。
22日（日）	三拾刈・アンダ	残りのミツカネを国道より下の三拾刈にまく。種籾の殻（カタ）が割れる。昼休み農協へ農作業用の長靴を買いに行く。午後アンダ（エタ）の荒起を行う。
23日	アンダの上・ノダケ	朝食前から妻と2人で苗代の種蒔きを夕方6時30分まで行う。孫は町（輪島市街地）のばあちゃん（嫁の母）に預ける。
24日	アンダ	苗代田を見回った後、アンダ（エタ）の畦からクリに生えた草を刈るとともに荒起を行う。
25日	アンダ・三拾刈	アンダの荒起を終え、三拾刈の荒起にかかり、小さな田4枚を起す。
26日	アンダ・アンダの上	朝食前2時間、朝食後も妻と2人で畦ごしらえを行う。自分が腹を切り妻が背皮を取る。
27日	アンダ・アンダの上	朝食前と午前中妻と2人で、午後は1人で畦ごしらえを行う。
28日	三拾刈	長男と2人で荒起を行い、妻がすんだ所の畦ごしらえを行う。
29日（日）	三拾刈	妻・長男と3人で荒起と畦ごしらえを行う。地すべりによって崩れたYさんの田の影響を受けて崩れた10枚の田を除き、三拾刈の荒起が終わる。600kgの収穫が見込まれる。崩れた10枚は後で直すことにした。
30日	アンダ・アンダの上	長男と2人で中切り（土を細かく砕く作業）を行う。妻は畦ごしらえを行う。

表1　輪島市白米の千枚田における農作業日誌（1984年3月26日〜10月17日）その2

月日	作業場所	作業内容および関連記事
5月1日	アンダ・アンダの上・ノダケ	中切りを行う。妻は雨が降ってきたので、苗代の油紙い溜まった水を2時間かけてタオルで拭く。
2日	アンダ・アンダの上・ノダケ	朝食前畦ごしらえを行う。妻は苗代の油紙に溜まった水を2時間かけてタオルで拭く。
3日（祝）	アンダ・アンダの上・三拾刈	長男と2人で中切りを行い終える。午後6時過ぎから三拾刈のうち水口の1枚について荒起しを耕耘機で行う。
4日	三拾刈	朝食前から中切りを行う。孫（男）が水疱瘡になり、妻が病院に連れて行ったので孫（女）の子守りをする。妻が帰宅した後再び中切りを行う。小さな田は鍬で行う。
5日（祝）	三拾刈	妻・長男と3人で中切りを行い、地すべりで崩れた10枚を残して終える。
6日（日）	三拾刈・アンダの上・ノダケ	午前中妻と2人で崩れた田を直す。午後妻・長男と3人で苗代の油紙を取り、根腐れの予防を行う。長男と2人で崩れた田のうち3枚を残して終える。
7日	三拾刈・アンダ	朝食前から残りの崩れた田の直しを行った後、中切りを行い午後5時までにすべて終える。妻は朝食前2時間アンダのそでぐりなぎ（クリ側の畦の上部を削る作業）を行う。アンダの畦塗りを始める。
8日	アンダ	妻は朝食前2時間アンダ(カタタ)のそれぐりなぎを行う。朝食前から畦塗りを行い、午後5時30分までに終える。アンダ（エタ）の畦塗りを始め2枚終える。
9日	アンダ	畦塗りを行う。午後5時頃からそでぐりなぎがなされていないところを草刈機で行いながら畦塗りを行う。
10日	アンダ・アンダの上	畦塗りを行う。妻はそでぐりなぎすべてを行い終える。孫は町のばあちゃんに預ける。
11日	アンダ・アンダの上・ノダケ	畦塗りを行い終える。
12日	三拾刈	朝食前から妻・長男と3人で畦塗りを行う。
13日（日）	三拾刈	朝食前から畦塗りを行う。朝食後からKさんと2人で畦塗りを行い終える。長男は草刈機でクリ落とし（クリの草を刈るとともに削り落す作業）を行う。妻はS家の田植の手伝いに行く。
14日	アンダ・アンダの上	草刈機でクリ落としを行う。妻はT家の田植の手伝いに行く。
15日	アンダ・アンダの上	草刈機でクリ落としを行う、半分ほど終える。午後6時に上がり草刈機の刃の目立てを行う。
16日	ノダケ・三拾刈	ノダケの草刈機によるクリ落としを行い終える。午後から三拾刈のクリ落としを行う。竹の子昨年より10日遅れる。
17日	三拾刈	午前中に草刈機によるクリ落としを行い終える。午後から鍬によりクリ出し（クリ落としで出た土を畦の方へ出して均す作業）を行う。
18日	三拾刈・アンダ	朝食前から三拾刈のクリ出しを行い午前11時頃終える。午後アンダのクリ出しを行う。
19日	アンダ・アンダの上	Kさんと2人でクリ出しを行い終える。肥料をまいた後夕方7時過ぎまでサキ（しろき）を行い除草剤をまく。妻はY家の田植に手伝いに行く。
20日（日）	アンダ・アンダの上・三拾刈	アンダ・アンダの上のサキを行い午後5時頃終える。午後7時までの2時間三拾刈で肥料まきなどを行う。三拾刈の撮影費として1万円を貰う。
21日	三拾刈	朝食前から三拾刈のサキを行い、肥料と除草剤をまく。田植ができるようになる。市の観光課長が愛知県安城東高校の生徒が草刈を行う現場を見にくる。
22日	ノダケ	朝食前からクリ出し、肥料まき、サキのすべてを午前中に終わる。
23日	アンダの上・ノダケ・アンダ・三拾刈	朝食前から苗代田の杭を抜き、張った糸を取る。苗を置く場所の草を刈る。ワラをすぐり、小槌で打ち6輪のノエ（苗を縛るワラ）を作る。コロガシ（田植を行うための筋目をつける作業）を行う。妻・Hさん・Yさんの3人で苗取りを行う。
24日	アンダ・アンダの上・三拾刈	さわやかで暖かな天気。田植日和である。コロガシを行う。長男は苗打ち（苗を配る作業）を行う。田植をするサオ女は妻・S家・T家・Y家・M家・I家・N家・H家・K家のかあちゃん9人。三拾刈には石川8号、アンダ・アンダの上にはコシヒカリの粳米を植える。田植を追えていないのはノダケと苗代田のみである。
25日	ノダケ・アンダの上	朝食前にノダケのコロガシを行う。妻はモチ米の苗を植える。午前・午後に苗代田の荒起、畦ごしらえ、中切り、畦塗り、クリ落とし、クリ出し、サキを行い、田植ができるようにする。

表1　輪島市白米の千枚田における農作業日誌（1984年3月26日～10月17日）その3

月日	作業場所	作業内容および関連記事
5月26日	ノダケ・アンダの上・アンダ・三拾刈	好天がつづく。朝食前に苗代田のコロガシを行う。妻が苗代田の田植をする。昨日田植したか所の点検を行う。苗取り、田植の人夫賃と茶菓代を支払う。人夫賃は朝7時から夕方5時までの10時間で日当8000円、計96000円、店に払う茶菓代20000円、合計116000円である。
27日（日）	全水田	田圃まわりを行う。浮いているイネのさしかえやミト直し（田越し灌漑の水の落ち口を直す作業）を行う。一廻りするのに2時間かかる。
30日	全水田	2日間田圃まわりをしなかったので、半日がかりで田圃まわりを行う。
6月1日	全水田	午前中は田植前にすませていなかったところに除草剤をまく。午後田圃まわりを行う。ミトの水口が水の勢いで掘れるため、テゴ（腰につける竹籠）に苗代に使った油紙を入れて廻り、その紙を置いて掘れるのを防ぐ。全水田が220枚以上あるので各水田を見廻るのは骨が折れる。田圃まわりは朝行えなければ夕方仕事を終えてから行う。
3日（日）	全水田	朝食前に田圃まわりを行う。
5日	全水田	朝食前に田圃まわりを行う。愛知県立安城東高校生の草刈農業体験受入れの打合せを区長さんと行う。
6日		愛知県立安城東高校生の休耕田における草刈農業体験の指導を行う。
7日		午前中愛知県立安城東高校生の休耕田における草刈農業体系の指導を行う。午後は東京の農産高校生のかまによる草刈農業体験の指導を行う。
8日	全水田	昨晩から大雨が降る。田圃まわりを行い、ミトの下がったところに油紙を置いて直す。
11日	全水田	田圃まわりを行う。天気が良ければ田圃まわり2～3日間隔でよい。しかし、雨が降った後は必ず廻る。廻らないと畦際の苗をケラ（こおろぎの一種）が食べるので補植をする必要があるからである。
7月15日（日）	全水田	追肥を行う。
20日	全水田	除草剤をやっているところでは雑草の一番取りを行い、二番取りは行わない。除草剤をやっていないところでは雑草の二番取りを行う。畦から田のなかに生えるヨシを抜く。ヨシに用いる除草剤もあるが、使用すると畦がボロボロになるので手で抜くようにしている。
21日	全水田	クリの草刈を数日行う。
30日		石川8号の穂が出揃う。
8月13日		コシヒカリの穂が出揃う。
17日	三拾刈	朝食前からクリの草刈を行う。8月19日までに三拾刈のクリの草刈を終える。
20日	アンダ・アンダの上	クリの草刈を草刈機で行う。妻はかまでクリの草刈を行う。
21日	アンダの上・ノダケ	クリの草刈を行う。テレビ局と稲刈の生放送の打合せを行う。
22日	全水田	田圃まわりを行う。台風来襲、風速22mによる風で稲がかなり倒れる。倒れた稲を直す。
24日	ハザ場	ハザ場の草刈を行う。Oさん稲刈を始める。
28日	全水田	昨晩から大雨。輪島市40mm、門前町70mm。午後田圃まわりを行い台風と大雨で倒れた稲起しをする。
29日		朝まで大雨。雨が上がり晴れた後、地区内で稲刈が始まる。Sさんに頼まれ小島商店の引越しの手伝いに行く。
30日	ハザ場	朝食前にハザを縛る作業を行う。Hさん夫婦と3人で小島書店の引越しの手伝いに行く。1日半の手伝いで15000円もらう。
31日	ハザ場	1つ目のハザ作りを行い、終える。
9月1日	三拾刈	稲刈を始める。父に背カゴで35束運んでもらう。それをハザに架けるのに夜9時までかかった。
2日（日）	三拾刈	稲刈を行い、石川8号95束をハザに架ける。
6日	三拾刈・アンダの上	三拾刈の稲刈を終える。三拾刈とアンダの上の3枚を合わせ307束あった。毎日NHKが撮影に来る。

表1　輪島市白米の千枚田における農作業日誌（1984年3月26日～10月17日）その4

月日	作業場所	作業内容および関連記事
9月9日（日）	ハザ場	長男と2人で2つ目のハザ作りを行う。妻はお祭りに備え神輿の通る道と境内の掃除に出かける。
10日	ハザ場・アンダ	ハザ縛りを行い、アンダ稲起を行う。
11日	ノダケ	妻と2人でモチ稲の稲刈を行い終える。孫は町のばあちゃんに預ける。
12日	アンダ	コシヒカリの稲刈を始める。
13日	アンダ	人を5人雇い稲刈を行う。
14日	アンダ	2日間の稲刈休暇をとった長男と2人で稲刈を行う。
15日	アンダ	朝3時頃小便に起き、明るくなったので稲刈にでかける。妻・長男と3人で稲刈を行う。
16日（日）	ハザ場	214束のハザ架けを行う。夜10時から大祭が始まる。
17日	アンダの上・作業場	朝食前から稲刈を行う。午前中作業場の片付けを行う。午後干した稲を作業場に入れる。妻は神社へお参りに行く。
18日	作業場	朝食前に石川8号の稲を全部入れる。Yさんの稲刈の手伝いに行き4人で刈る。妻は歯科医院に行く。
19日	アンダの上	人を4人雇い稲刈を行う。
20日	アンダの上	Kのかあちゃんと2人で稲刈を行う。
21日	アンダの上	午前中にKのかあちゃん・妻と3人で稲刈を行い終える。午後ネソ（稲束を縛るワラ）を作り、稲を運ぶ。
22日	ハザ場	長男と2人で稲束を運び、ハザ架けを行い終える。
24日	作業場	脱穀機を掃除して据付ける。
25日	作業場	朝食前と夕方に稲ボリ（脱穀）を行う。
26日	作業場	稲ボリを行う。
27日	作業場	午前中に稲ボリを行い、石川8号の307束の脱穀を終える。
28日	作業場	天気がつづき、干した稲を作業場に入れる。
29日	作業場	稲入れを全部終える。コシヒカリ90束の稲ボリを行う。
30日（日）	作業場	コシヒカリ71束の稲ボリとその他の仕事も行う。
10月1日	作業場	朝食前と夕方にコシヒカリ75束の稲ボリを行う。
4日	作業場	コシヒカリの稲ボリを全部終える。合計603束。（1日中稲ボリを行えば250束を行うことができる）
7日（日）	作業場	脱穀機を掃除して片付ける。籾摺機を据付ける。トゥミにかけて種籾を選別する。モチとコシヒカリの籾摺を行う。
8日	作業場	モチとコシヒカリの籾摺りを行う。
9日	作業場	モチとコシヒカリの籾摺りを行う。モチ6斗（90kg）、コシヒカリ10石（1500kg）をえる。モチはノダケ、コシヒカリはアンダ・アンダの上でとれたもの。
10日	作業場	検査のため農協に米を出す。
11日	作業場	石川8号の籾摺りを行い、三拾刈とノダケの3枚分で6石（900kg）をえる。
12日	作業場	作業場の後片付けをして掃除をする。
16日	自宅庭	来年の苗代に用いるタンタンを作る。
17日		1985年に行う高校生の草刈農業体験の打合せのため愛知県安城東高校の先生が来訪。

資料：輪島市白米日裏幸作氏の日記による。

歳）の四人であり、母（七九歳）と市役所に勤める長男の嫁（二八歳）は農作業にはまったく関わっていない。農繁期には三～四戸の農家と結をむすび、それをこえる労力は賃金を支払い決済されていた。

年間の農作業

日裏家の年間の農作業を整理して、月日に従い記載を行うことにする。表において幸作氏は（幸）、妻は（妻）、長男は（長）、父は（父）、手伝いの人はアルファベットによって示されている。

農作業は、三月下旬に始まっている。すなわち、三月二六日（幸）自宅下の耕地に通ずる道路の雪をかき川に捨てる。二七日農協から保温折衷苗代の油紙が届けられ、三〇日（幸）アンダの上の苗代田の法面を補修する。

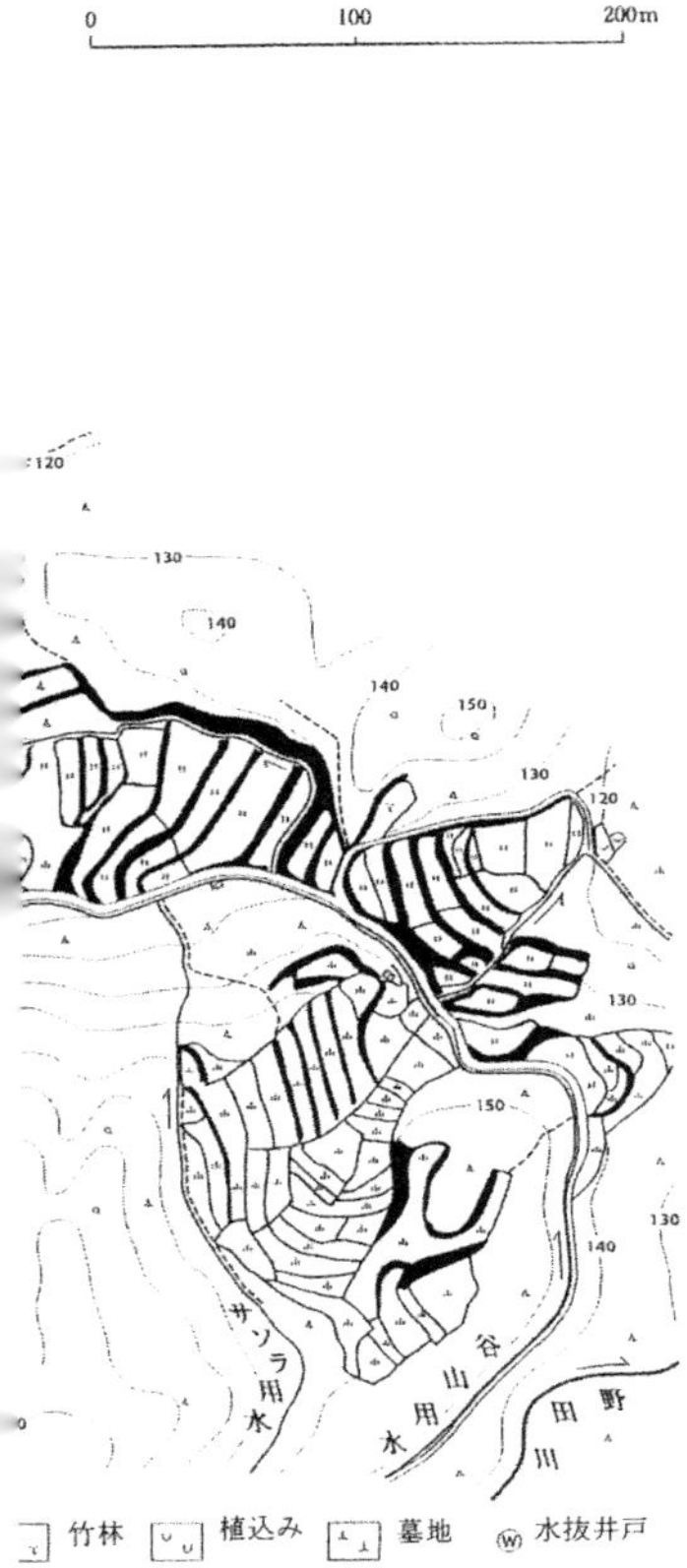

三月三一日から四月七日までは、（幸）副区長として区長や組長とともに千枚田の東部地区を灌漑する松熊用水の改良工事に当たり、補助事

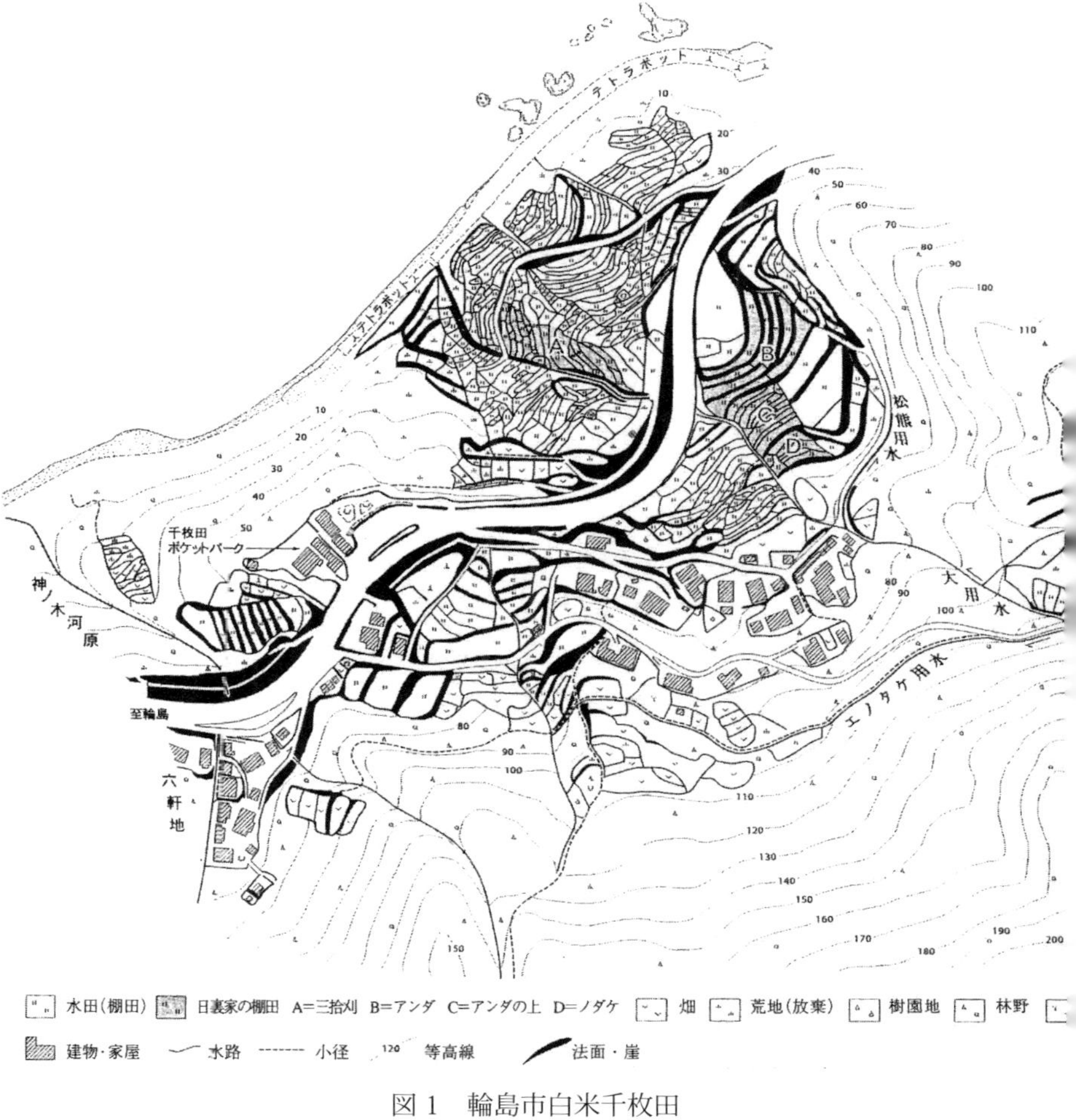

テトラポット
千枚田
ポケットパーク
神ノ木河原
至輪島
六軒地
松熊用水
大用水
エノタケ用水
水田（棚田）
日裏家の棚田　A=三拾刈　B=アンダ　C=アンダの上　D=ノダケ
畑
荒地（放棄）
樹園地
林野
建物・家屋
水路
小径
等高線
法面・崖

図１　輪島市白米千枚田

業にするための交渉や実際にU字溝を敷設する作業を行う。

四月一〇日（幸）アンダとアンダの上の田に土壌改良剤（ミツカネ）を撒く。一一～一二日（幸）アンダの上とノダケにある苗代田の荒起と畦塗。一五日（幸）集落総出で行う谷川用水の水路掃除と用水沿いの農道整備に出役する。

四月一六日「田打ち」（荒起）を始める。まず、（幸）アンダのエタ（湿田で機械が使えない）でミツクワにより、続いて一八日には耕耘機を使用してアンダのカタタで作業、二五日までにアンダとアンダの上の荒起と地ならしを終える。この間、苗代の作業も平行して進め、一七日と二一日（幸）苗代に使うニガ（籾殻）に火を入れて「クンタン」（焼き籾殻）をつくり、一九日（幸）糸を張って肥料を撒く。二〇～二二日（幸）種籾の準備をする。二三日（幸）（妻）アンダ上の一枚にコシヒカリ、ノダケの二枚に石川八号とモチの種を蒔く。この日より、孫を嫁の実家に預け、（妻）が終日手伝う日が多くなる。また、二二日（幸）国道より下の三拾刈の田にミツカネを撒く。二五日（幸）国道より上の荒起を終り、三拾刈の荒起を始める。

四月二六日畦づくりを始める。二六～二七日、アンダとアンダの上で（幸）畦の内側を削る「腹切り」、（妻）畦の上を削る「背皮取り」の作業を分担して行う。二八～二九日三拾刈で（幸）（長）荒起、（妻）畦づくりを行い、地すべりにより崩れた一〇枚を残して終える。

四月三〇日荒起後の「中切り」（土を細かく砕くの作業）が始まる。三〇日アンダとアンダの上で（幸）（長）、五月一～二日（幸）、三日（幸）（長）が行って終える。この間、（妻）畦ごしらえと一〜二日は苗代の油紙の上に溜まった水滴を毎日二時間かけてタオルで拭く。四日（幸）三拾刈の「中切り」を始め、五日（幸）（妻）（長）の三人で作業、地すべりで崩れた一〇枚を残して終える。崩れた田は、六日午前中（幸）（長）、午後（幸）（妻）により、七日（幸）のみで田直しを行い、あわせて荒起、「中切り」も終える。また、六日（幸）（妻）（長）の三人で苗代の油紙を取り、根腐れを予防する作業を行う。

五月七日「そでぐりなぎ」（法面側の畦の上部を削る作業）と畦塗を始める。七日（妻）アンダの「そでぐりなぎ」と畦塗を始め、八日から（幸）加わり、一一日までにアンダ、アンダの上、ノダケでのこれらの作業を終える。一二日（幸）（妻）（長）の三人で三拾刈の「そでぐりなぎ」と畦塗を行う。一三日（幸）とKさんで三拾刈の「そでぐりなぎ」と畦塗を行い終える。（妻）T家の田植手伝。

五月一三日「クリ落し」（クリ＝法面の草を刈り削り落す作業）を始める。一三日（長）三拾刈で草刈機を使い作業。一四〜一七日の午前中まで（幸）アンダ、アンダの上、ノダケ、三拾刈の残り部分の「クリ落し」を行って終える。

五月一七日「クリ出し」（クリ落しででた土を畦の方へ寄せて均す作業）を始める。一七日午後（幸）三拾刈で始め、一八日（幸）、一九日（幸）とKさんで三拾刈の残りとアンダ、アンダの上の「クリ出し」を行って終える。

五月一九日「サキ」（代掻）を始める。一九日（幸）とKさんでアンダ、アンダの上に肥料を撒き、「サキ」を始める。（妻）Y家の田植手伝。二〇日（幸）アンダ、アンダの上の「サキ」を行って終え、三拾刈で肥料を撒く。二一日（幸）三拾刈で「サキ」を行って終え、肥料・除草剤を撒く。二二日（幸）ノダケの「クリ出し」、肥料撒き、「サキ」のすべてを行う。

五月二三日田植に備える。（幸）苗代田の杭を抜き、張った糸を取る。ワラをすぐり、小槌で打ち苗を縛るノエをつくる。「コロガシ」（田植を行うために筋目をつける作業）を行う。（妻）とH・Yさんの三人は苗取。

五月二四日田植を始める。二四日アンダ、アンダの上、三拾刈の田植、（幸）が「コロガシ」、（長）が「苗打ち」（苗を配る作業）を行う。田植をするオサ女は（妻）とS・T・Y・M・I・N・H・K家のカアチャンたち九人。アンダ、アンダの上にはコシヒカリ、三拾刈には石川八号を植える。二五日（幸）ノダケの「コロガシ」、苗代田の荒起・畦ごしらえ・「中切り」・畦塗・「クリ落し」・「クリ出し」・「サキ」のすべてを行う。（妻）ノダケにモチ米を植える。二六日（幸）苗代田の「コロガシ」、田植が終った田の点検。（妻）苗代田にコシヒカリを植え、田植がすべて終る。苗取と田植の人夫賃九万六〇〇〇円と茶菓代二万円、合計一一万六〇〇〇円を払う。

五月二七日より田圃の水管理を始める。二七日（幸）全水田で浮いている苗をさしかえ、ミト（田越灌漑の水の落口）直しを行う。全水田約二二〇枚を廻るのに二時間を要する。田圃廻りは天気がよければ二〜三日間隔、雨が降った後は必ず廻り、石川八号は八月中旬、コシヒカリは八月下旬まで続ける。

七月一五日（幸）全水田で追肥を行う。

七月二〇日（幸）全水田の雑草取りと畦から田に生えるヨシを手で抜く。

七月二一日一回目の畦・クリの草刈を始める。（幸）数日行う。

八月一七日二回目の畦・クリの草刈を始める。一七〜一九日（幸）三拾刈の草を刈る。二〇〜二一日（幸）草刈機、（妻）カマによりアンダ、アンダの上、ノダケの草を刈る。

八月二二日（幸）全水田の台風で倒れた苗を起す。

八月二四日ハザづくりを始める。二四日（幸）ハザ場の草を刈る。二八日（幸）全水田の台風で倒れたイネを起す。三〇〜三一日（幸）一つ目のハザを補修する。

九月一日稲刈を始める。一日（幸）三拾刈の稲刈。（父）稲束三五束を背カゴでハザ場まで運び、（幸）ハザに架ける。二日（幸）三拾刈の稲刈、石川八号九五束をハザ場まで運び、ハザに架ける。六日までに（幸）三拾刈の稲刈を終え、ノダケ（三枚）分を合わせた石川八号三〇七束をハザに架ける。九日（幸）（長）二つ目のハザの補修。一〇日（幸）ハザの補修を終える。一一日（幸）（妻）ノダケのモチ米の稲刈を行い終える。一二日(幸)アンダのコシヒカリの稲刈を始める。一三日(幸)と雇いの五人、一四日（幸）（長）、一五日（幸）（妻）（長）の三人でアンダの稲刈を行う。一六日（幸）二一四束をハザに架ける。一七日（幸）朝食前にアンダ上のコシヒカリの稲刈を行う。午前作業場の片付け、午後乾燥した石川八号を作業場に入れる。一八日（幸）朝食前に残りの石川八号全部を作業場に入れ、Y家へ稲刈の手伝に出かける。一九日（幸）と雇いの四人、二〇日（幸）とK家のカアチャン、二一日午前（幸）（妻）とK家のカアチャンの三人でアンダ上の稲刈を行い終える。午後（幸）ネソ（稲束を縛る縄）をつくり、稲束をハザ場に運ぶ。二二日（幸）（長）刈った稲束を運びハザに架ける。二四日（幸）脱穀機を掃除して据付ける。

九月二五日稲ボリ（脱穀）を始める。二五～二七日（幸）石川八号三〇七束の脱穀を行って終える。二八日（幸）乾燥したコシヒカリを作業場に入れる。二九日（幸）残りのコシヒカリ全部を作業場に入れ、コシヒカリ九〇束の脱穀を行う。九月三〇日（幸）コシヒカリ七一束の脱穀を行う。一〇月一日（幸）コシヒカリ七五束の脱穀を行う。五日までに（幸）コシヒカリ六〇三束すべての脱穀を終える。七日(幸)脱穀機を掃除して片付け、籾摺機を据付ける。トウミにかけて種籾を選別する。

一〇月七日籾摺を始める。七～九日（幸）モチとコシヒカリの籾摺を行い、モチ六斗（九〇kg）、コシヒカリ一〇石（一五〇〇kg）をえる。一〇日（幸）検査のため農協にコシヒカリを出荷する。一一日（幸）石川八号の籾摺を行い、六石（九〇〇kg）をえる。一二日（幸）作業場の後片付けをして掃除をする。

一〇月一六日（幸）来年苗代に用いるクンタンをつくり、この年の作業を終える。

4　千枚田における農作業の順序と内容

前述したように、千枚田においては白米、あるいは棚田特有の農作業が行われている。これらの農作業について、その順序を整理し、さらに内容を詳しく述べることにする。

1「田直し」　三月下旬　一九七〇年に地すべり対策事業が実施されるまでは、春に田圃の作業が始まる前に行われていた。地すべりで田面にヒビ割れができていると、まず田の表土を一〇〜二〇cmほど取り除いて心土を出して均し、蛸搗（カケアイ）や杵搗（バイ）で割れ目から一〇cmほど離れたところを叩いて床締めを行ってヒビ割れを直す。その後に表土を元通りに戻す一連の作業（浜、一九五〇）

2 「土壌改良」　四月中旬　酸性土壌を中性化するために改良剤のミツカネを播く作業

3 「苗代づくり」　四月中旬　苗代田の荒起、畦づくり、床をつくる一連の作業

4 「種籾の準備」　四月下旬　種籾を水に漬けた後、一晩ぬるま湯（四〇℃以下）の風呂に漬け、さらにもう一晩ニガ（籾殻）の中に入れて湯をかけて寝かせ、発芽を促す作業

5 「種蒔」　四月下旬　種籾の「カタ」（殻）が割れたのを確認して種を蒔き、保温折衷苗代ではその上にクンタンを撒き油紙をかけて水を入れる作業

6 「田打ち」（荒起）　四月下旬　表土を一五㌢ほどの深さまで荒く掘起す作業

7 「腹切り」　四月下旬　モグラ穴などを発見するため畦の内側の土を薄く（二〜三㌢の厚さ）かき取る作業

8 「背皮取り」　四月下旬　畦の上部の凹凸を直し、土と草を薄く（二〜三㌢の厚さ）かき取る作業

9 「中切り」　五月上旬　荒起した表土を細かく砕く作業

10 「油紙取り」　五月上旬　保温折衷苗代の油紙を取る作業（播種して二週間後）

11「そでぐりなぎ」　五月上旬　畦塗を容易にするために畦のクリ側の上部を斜めにかき取る作業

12「畦塗」　五月中旬　「腹切り」でかき取られた土を加えた表土をかき上げて畦を塗る作業

13「クリ落し」　五月中旬　クリ（法面）を三〜五チセンほど土と草を削り落し、客土とする作業（所有権が変わる地番境のクリは削り落すことはできない。この作業により、田は少しずつ山側に移ることになり、水口の田は狭くなる。狭くなりすぎると水口から二枚目の田と一緒にして大きくする。反対に地番内の一番下の田はクリが後退するので大きくなるというが、現実にはそれほど大きな変化はみられない）

14「クリ出し」　五月中旬　「クリ落し」で削り落された土を均す作業

15「施肥」　五月中旬　元肥として窒素・燐酸・加里の配合肥料を撒く作業

16「サキ」（代掻）　五月下旬　「畦塗」で掘られた畦際に土を寄せてならし、土塊を細かく砕くとともに、水深をそろえるために田面を均等にして田植ができるようにする作業

17「コロガシ」　五月下旬　整然とした田植を行うため二四チセン（八寸）の正方形で描かれる筋目をつける作業

18「苗取り」　五月下旬　苗代から苗を取り、ノエ（イネ藁のひも）で縛る作業

19「苗打ち」　五月下旬　田植を行う前に、苗代から苗束を運び、あらかじめ田に分散させて配って歩く作業

20「田植」　五月下旬　苗を植える作業

21　「水管理」と「ミト直し」　五月下旬～八月下旬　石川八号は八月中旬、コシヒカリは八月下旬まで湛水状態とミトを点検し、ミトが崩れていたり、落口が掘れて下がっていれば補修を行う作業（ミトの落口には掘れないように石を置いたり、苗代に使った油紙を切って置き、石の代りにすることもある。日裏氏は腰につけたテゴ＝竹篭に油紙を入れて廻り、ミトの落口に油紙を置いて掘れるのを防いだ）

22　「追肥」　七月中旬　二回目の肥料を撒く作業

23　「草刈」　六月中旬～八月下旬　クリ（法面）と畦の草を刈る作業（田づくりから稲刈までの期間に二～三回の草刈が行われる。草刈を行わないと風通しが悪くなり病気が発生しやすい。また草につく害虫がイネに移りやすくなる

24　「ハザ直し」　八月下旬　丸太を用い四本の立杭と六本のヨコマセ（横木）を組合せ、四本の立杭に二本ずつツッパリ（支え）を入れてつくってあるハザを補修する作業

25　「稲刈」　九月上旬～中旬　イネを刈る作業

26　「稲束の運搬」　九月上旬～中旬　田からハザ場まで稲束を背負篭で運搬する作業

27　「ハザ架け」　九月上旬～中旬　稲束をハザに架けて乾燥させる作業

28　「稲束の運搬」　九月下旬　ハザ場から作業場まで稲束を背負篭で運搬する作業

29　「稲ボリ」（脱穀）　九月下旬～一〇月上旬　稲束を脱穀機にかけモミにする作業

30　「籾摺」　一〇月中旬　モミを籾摺機にかけ玄米にする作業

農作業にみられる特質

第一に指摘できることは、耕地面積に比して労働日数が極めて多いことである。表からわかるように、世帯主の幸作氏は三月下旬の用水路の整備から田植後イネが活着する六月上旬まで、ほとんど毎日のように水田の農作業に従っている。ことに、田の荒起や畦づくり・畦塗が始まる四月下旬から田植が終わる五月下旬までの一か月間と稲刈期の九月上旬から中旬までの期間は、日頃孫の世話をして田圃に出ることの少ない妻、そして農協に勤める長男も休日を利用し、あるいは休暇をとって農作業に駆り出されており、その上に手伝いの人まで雇われている。まさに農繁期といえるものであり、圃場整備により機械化の進んだ平坦地の水田を耕作する兼業農家では死語になっていると思われるこの言葉がここでは生きているのである。

第二は農作業の期間の長さだけなく、一日の作業時間が長いことである。雇用者の場合、朝七時から夕方の五時までの一〇時間、昼食時のほか午前一〇時、午後三時半からそれぞれ三〇分ずつの休憩があり、日当が男女とも八〇〇〇円であった。家族の場合、さらに労働時間が長く、午前七時の朝食までの二時間、すなわち朝食前の午前五時から働いた日は幸作氏が二七日、妻が四日、長男が一日であった。日誌によれば、九月一五日幸作氏は朝三時に目が覚め、眠れないので明るくなるとともに稲刈に出かけたとあり、午前四時頃から働くこともあった。一方、夕方は午後七時近くまで働いた日は幸作氏が六日、妻が一日、長男が一日あった。幸作氏の場合、農繁期に入ると夜明から日暮まで働いていたといっても過言ではなかったのである。

第三は平坦地の水田に較べて作業の種類が多く、労力がかかることである。このことが労働日数の多さ、生産性の低さに結びつく要因になっている。ことに、地すべり地である白米特有の田直し、あるいは棚田特有の畦づくり・畦塗、クリ（法面）・畦の草刈、水管理などは平地水田ではみられない作業である。田直しは、地すべりにより亀裂の入った田面や形の崩れた水田を直す作業である。日誌では、三拾刈の棚田一〇枚が隣接するY家の棚田の地すべりの影響を受けて崩れたため、余分の仕事として通常の作業とは切り離して修復に当たり、五人手間を要したことが記録されている。このような田直しは、地区内に集水井戸が設けられるなどの地すべり対策事業が行われる以前においては、地すべりが日常化していたため、毎年田づくりの作業が始まる前に各農家で行われていたのである。

畦づくり・畦塗は、「腹切り」、「背皮取り」、「そでぐりなぎ」、「畦塗」、「クリ落し」、「クリ出し」などの言葉を聞いただけでも、その作業の種類の多さと、特異性がうかがわれる。棚田耕作では、水の保持という観点から畦と法面をまもることがきわめて重要なことであり、多くの労力が費やされたのである。

クリ・畦の草刈も棚田特有の作業であり、日誌によれば二回行われている。刈られた草は牛馬を飼っていれば餌になった。土坡の棚田地域ではクリ・畦の占める面積が大きく、作業がカマで行われていた時代には多くの時間を要した。

田越灌漑による棚田の水管理は、特異であるばかりでなく、さらに労力を要する作業である。図2は、日裏家の三拾刈の棚田を示したものである。図からわかるように、三拾刈一二一枚（その後田直しがあり図面上は一二七枚）の棚田では、用水路からの取入口は一か所あるのみで、後は田から田へ、畦の一部を切って水が落とされ灌漑が行われており、その落口はミトとよばれている。図上の棚田は、平面的に分布しているのではなく、平均五〇㌢ほどの段差をもって配列されており、三五段から四一

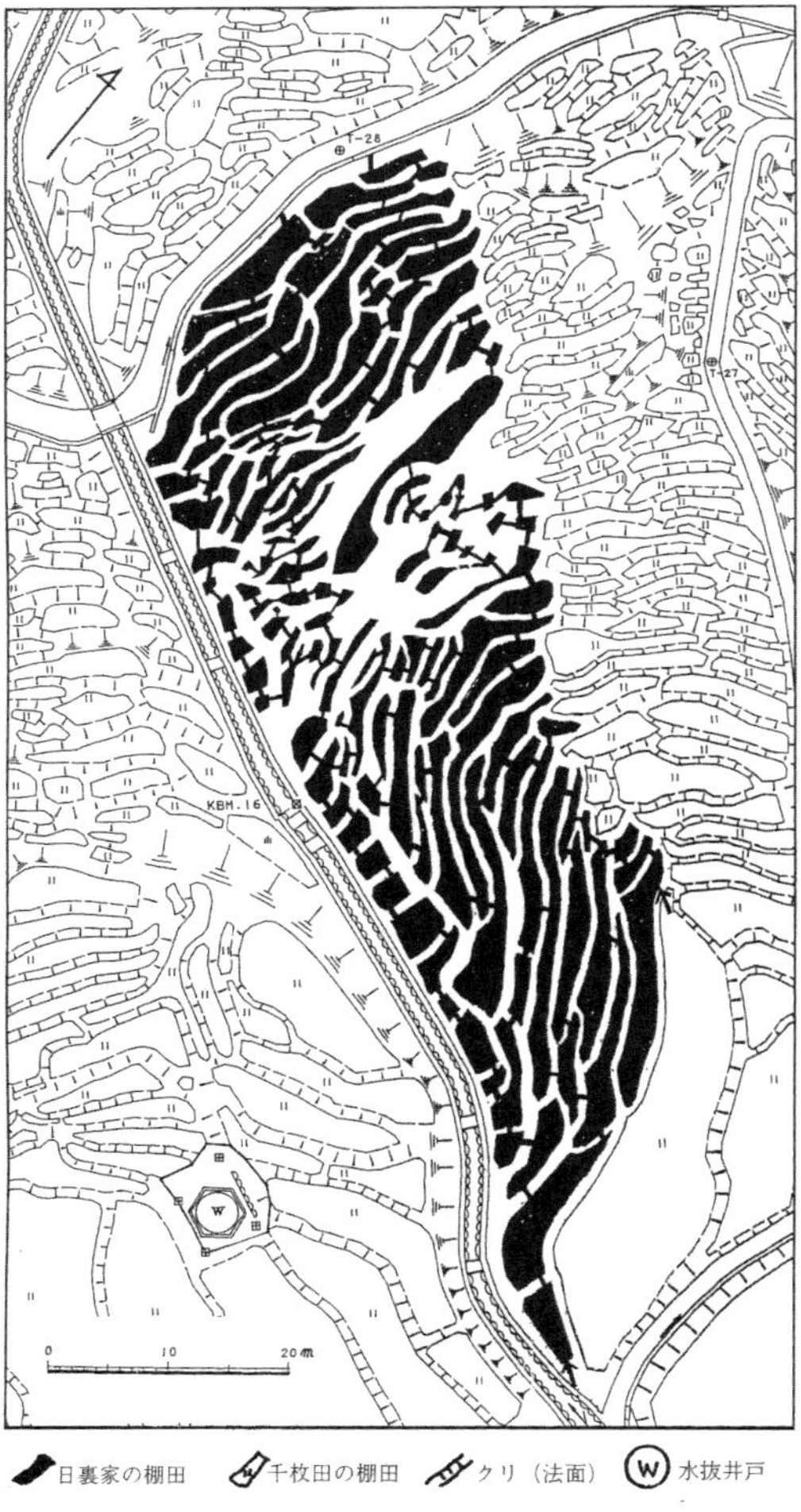

図2　日裏家所有三拾刈の棚田

段の段数を数えることができる。水管理は、これらの棚田一枚一枚の湛水状況とミトが点検され、ミトが掘れていれば直して油紙を置いて廻る作業である。このようにして、一二〇枚の棚田すべてが点検されるには二時間を要するといわれ、棚田での水管理の大変さが実感できる。

表２　日裏氏所有三拾刈耕作の費用計算

作業種別	1日当たりの作業量と日数	費用(円)
1 田直し・ミト直し	121枚÷120枚/日=1.0日	10,000
2 荒起	121枚÷ 20枚/日=6.0日	60,000
3 畦づくり	121枚÷ 30枚/日=4.0日	40,000
4 中切り	121枚÷ 20枚/日=6.0日	60,000
5 畦塗	121枚÷ 30枚/日=4.0日	40,000
6 クリ落し・出し	121枚÷ 40枚/日=3.0日	30,000
7 代掻	121枚÷ 30枚/日=4.0日	40,000
8 田植	121枚÷ 20枚/日=6.0日　苗代 30,800円	90,800
9 水廻り	1日1時間(1,000円)×90日=90時間	90,000
10 除草	除草剤 9,000円+2日20,000円	29,000
11 肥料散布	肥料代 10,160円+1.5日 15,000円	25,160
12 害虫防除	薬品代 14,580円+2.0日 20,000円	34,580
13 草刈	121枚÷30枚/日=4.0日×2回=8.0日	80,000
14 稲刈	121枚÷20枚/日=6.0日	60,000
15 稲束の運搬	121枚÷30枚/日=4.0日	40,000
16 ハザづくり	3.0日	30,000
17 ハザ架け	2.4日	24,000
18 脱穀・籾摺	5.0日	50,000
19 包装・運搬	袋代1,920円　運賃2,000円　人夫賃10,000円	13,920
20 機械・電気代		10,000
合　計		857,460

資料 輪島市商工観光課(1992年)の調査による。

輪島市商工観光課が一九九二年に、日裏氏からの聴取により、三拾刈の棚田を事例にしてこれらの作業（日当一万円）と資材費を含めた費用計算を行っている。その内訳を表２に示すことにする。三拾刈の面積は一四八五㎡、一二一枚にかかった費用の合計は八五万七四六〇円である。これを一〇アール当たりに換算すると五七万七四一四円となる。一九九三年産米の全国平均の水稲一〇㌃当たりの生産費（費用合計）が一四万一三八七円であるので、全国平均の約四倍の費用になり、千枚田の耕作がいかに労力のかかるものであるかを裏付けている。

第四は労力の集中をさけるための営農が行われていることである。日誌によれば、三拾刈の石川八号とアンダ、アンダの上のコシヒカリは、同日（五月二四日）に田植が行われている。しかし、出穂したのは早生の石川八号が七月三〇日、中生のコシヒカリが八月一三日で両者の間には二週間のずれが生じている。このずれを利用して、その後の作業が行われている。たとえば、稲刈は石川八号が九月一日、コシヒカリが九月一二日、脱穀は石川八号が九月二五日、コシヒカリが九月二九日に始められている。したがって、石川八号とコシヒカリの品種選定は労力の配分に配慮して行われたものと考えられるのである。

参考文献

（1）農水省構造改善局・農村環境整備センター（一九九九）『日本の棚田百選　推薦一四九地区概要個票』一五四頁
（2）農水省農村振興局・農村環境整備センター（二〇〇二）『棚田の文化的価値の保全・活用と農業・農村活性化に関する調査』九六頁
（3）浜庄三（一九五〇）「能登半島における地すべり研究」富山地学会・石川地学地理学会・福井県地理学会編輯、自然と社会、三・四号合併号、一六～一七頁

棚田学会誌　日本の原風景・棚田　第四号　棚田学会　二〇〇三年七月二五日　掲載

3

原風景としての棚田の起源、魅力、機能

1　棚田について

棚田の出現

棚田は、山地や丘陵、谷地田の谷頭斜面に階段状にひらかれている水田のことで、私が最初に棚田の文字を見出した文献は、応永一三（一四〇六）年の日付がある高野山文書である。その文書によれば、高野山領安楽川（荒川）庄高ノ村の谷間にある小区画の水田は、最奥部に設けられた溜池から引水されており、もともとは糯田《もちごめだ》と呼ばれていた。それが室町前期の頃には山の田、あるいは斜面に階段状にひらかれていて、形状が棚に似ているところから棚田ともいうようになったとしている。しかし、実際には文書の棚田のような谷地田型の棚田は出現がもっと早く、古墳時代にはすでに存在していたのではないかと考えられる。

棚田の定義と分布

現在では、これを定量的に把握するため、農水省をはじめとして広く用いられているのが傾斜二〇分の一（二〇メートル《メートル》進んで一メートル《メートル》上がる勾配）以上の斜面にある水田を棚田とする定義である。この定義により、一九八八年の棚田に関する基本的資料を用い筆者が作成したのが前述した市町村別の全国棚田分布図である。

西日本に多い石積みの棚田（佐賀県唐津市蕨野）

東日本に多い土坡の棚田（新潟県十日町市留守原）

この図から、全国の棚田は石川〜岐阜〜愛知県を境にした西日本に三分の二、東日本に三分一が分布し、とくに新潟県頸城地方、岡山県吉備高原、大分県阿蘇・九重山麓などに集中していることがわかる。地形的には、吉備高原のような隆起準平原、魚沼・頸城丘陵に代表されるような第三紀層の丘陵、阿蘇・九重のような火山山麓に多い。また地すべりとの関係も深く、東日本の第三紀層地すべり地、西日本の構造線にそう断層破砕帯地すべり地に多くの棚田がみられる。このような地形や地質などを反映して、一般に西日本では九州や中・四国地方の山地や火山でみられるような石積み、東日本では新潟県や千葉県の丘陵地でみられるような土坡の棚田が多い。

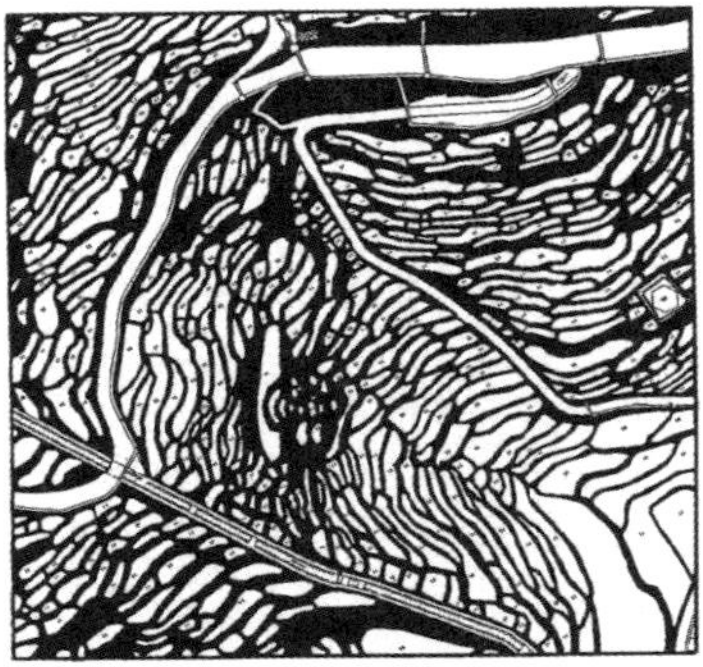

小さな区画の棚田
（石川県輪島市白米千枚田

棚田の特質

棚田は次のような特質がみられる。

（1）一枚当たりの面積が非常に小さい。それは、棚田の多くが圃場整備事業か行われていないためである。図は、わが国の棚田を代表する石川県輪島市白米の千枚田の一部であり、一辺が一〇〇メートルの正方形、面積が一ヘクタールである。このなかに五一五枚の棚田があるので、一枚の平均面積は〇・二アールにすぎず、一枚足りないと思ったら蓑の下に隠れていたと表現されるほどに小さい。これは極端な例としても、一般には面積が一〜三アールほどの棚田が多い。

(2) 農道がないか、整備されていない。棚田地域ではもともとは人がものを運ぶ道しかなかった。それでも近年棚田関連の事業が進められたことにより、小型の乗用型機械や歩行型機械が通れる道に改良されているが、トラクターやコンバインなど乗用の大型機械類がスムーズに通れる進入路があるものは少ない。

(3) 通風不良、日照不足になりやすい。とくに、谷地田型の棚田では周辺の樹木により通風不良、日照不足になることが多い。また高さが二メートルをこえる石積みの場合、北向斜面であれば各圃場の山側は常に日陰になり、日当たりがよい場所と比べて一〇%前後の減収になるといわれる。

(4) 湿田が多い。棚田は渓流や湧水に依存するものが多く、用水不足に悩まされるため、あえて排水せず湿田になっている。

(5) 草取・草刈の作業に多くの労力を要する。法面が石積みの場合、除草剤が使用されることもあるが、石積みを保護するためには手で草を取るのがよいとされている。土坡の場合、草刈機により年三~四回行われる。これは、平坦地の水田にはない作業であり、棚田の耕作維持に大きな負担をかけることになっている。

棚田の耕作放棄

これらの特質から棚田は大型・乗用型の機械類の使用ができないため、平坦地の水田に比べてよ

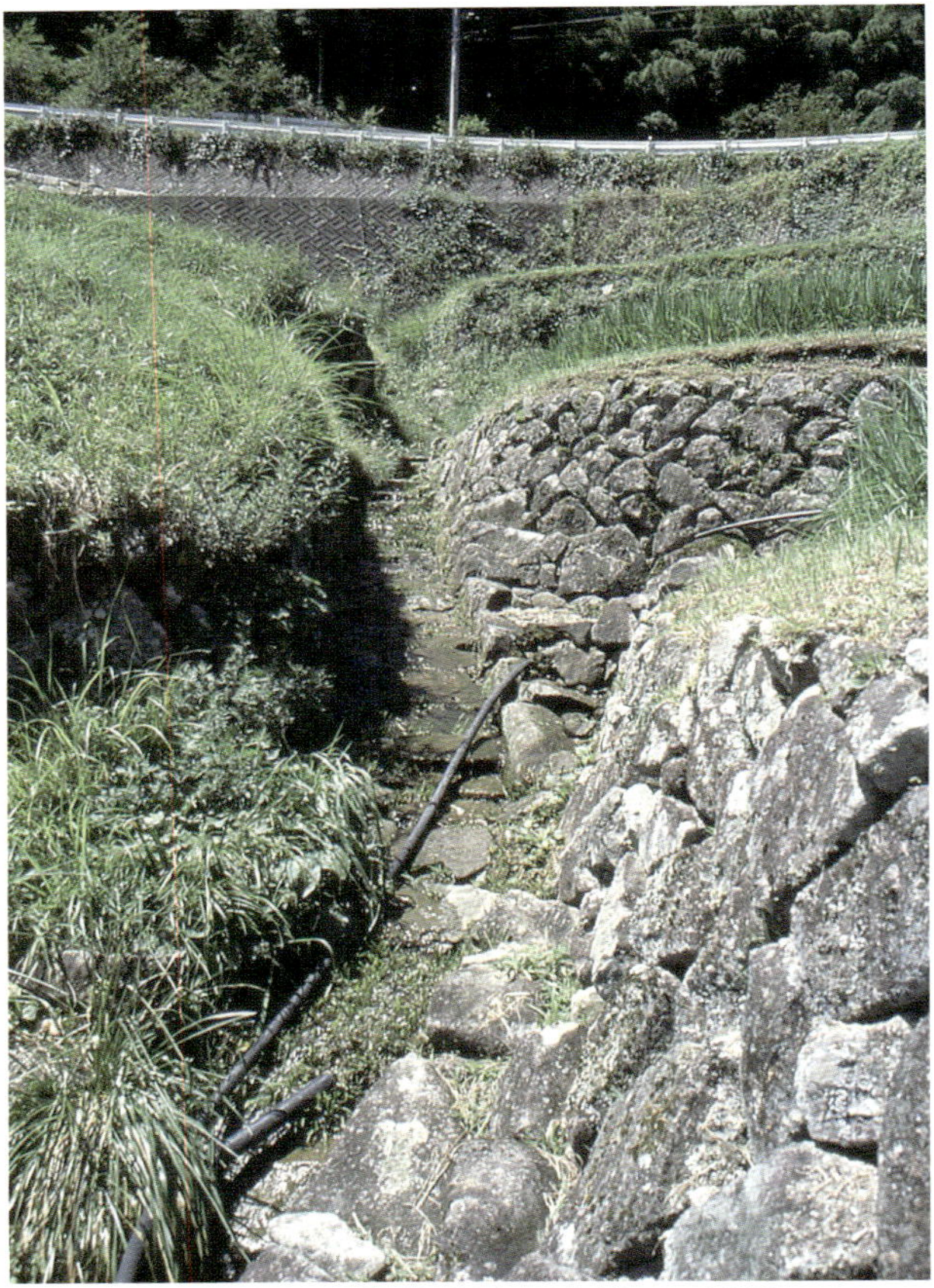

狭い棚田の農道（高知県仁淀川町長者）

り多くの労力を必要とする。しかも、単位面積当たりの収量が少なく、土地、労働生産性ともに低い水田である。一般に棚田は平坦地の水田にくらべて六〇%ほどの収量しかないのに二倍以上の労力を要するといわれている。

スギ林に変わった棚田（島根県浜田市都川）

このような生産性の低さから一九七〇年に米余りによる生産調整が始まると、棚田が耕作放棄されるようになった。当時、農水省は水田から林地への転換をすすめたため、中国山地では水田から立派な石積みを残すのみで、現在は手入れのよくないスギ林にかわっている棚田をみることができる。この情景を広島の民俗学者神田三亀男は「人間の営みあわれ石崖の棚田ことごとく杉の茂れり」とよんでいる。その後、生産調整の強化、中山間地の過疎・高齢化の進行などにより、棚田の耕作放棄は一段と進み、集落の存立が危ぶまれる限界集落さえみられるようになっているのである。

現在の棚田面積は、直近の調査「二〇〇五年世界農林業センサス」が傾斜二〇分の一以上にある水田を棚田とする定義を用いていないため利用できず、推計によるしかない。まず基本となるのは、われわれが棚田とみなす一九八八年の「水田要整備量調査」による傾斜二〇分の一以上の斜面にある水田面積二二万二八四八ヘクタールである。これと対比できるのは棚田を同じ定義でとらえている中山間地域等直接支払制度の対象面積であり、その交付面積は二〇〇二年一五万八二八〇ヘクタール、二〇〇五年一五万五一三二ヘクタール、二〇〇七年一五万七八二二ヘクタールである。これらと一九八八年の棚田面積を比較してみると、それぞれ二九・〇％、三〇・四％、二九・二％の減少になっている。これにより棚田は一九八八年から現在まで三〇％前後が放棄されたと考えられる。さらに、山際に多くみられるスギ林や雑木林の存在から、その転換が始まった一九七〇年まで遡れば、当時の棚田の五〇％近くが失われたのではないかと推測されるのである。

棚田保全への動き

棚田の耕作放棄が進むなかで、一方においては一九九〇年代前半の頃から保全への動きがみられるようになった。その動きの背景には生産性を重視し、大規模な圃場整備を実施して日本の原風景ともいわれる伝統的な農山村の景観を損なってきたことへの反省や同時にそれらへの郷愁があったものと思われる。制度的には一九九二年に基本法農政のもとで実施されてきた農産物の生産奨励から環境保護に貢献する農業や中山間地の農業対策を重視する新農政（食糧・農業・農村基本法）への転換が示されたことである。

こうした社会的な状況のなかで、一九九五年九月に高知県檮原町で第一回全国棚田（千枚田）サミットが開催された。サミットでは全国から八〇市町村の代表者や一般市民、学識経験者、報道関係者など延べ一二〇〇名の人々が集まり、棚田保全に向けての熱心な討議が行われた。これを機にしてマスメディアがその美しさもあって棚田をしばしば取り上げるようになり、関心は一層高まることになった。

さらに、一九九九年七月には全国一三四か所の棚田が農水省によって棚田百選に認定され、写真愛好者を中心とした都市住民が大勢棚田に押しかけるようになり、同年八月には研究対象である棚田の保全を目的の一つとする棚田学会が設立された。また、二〇〇一年に中東カタールのドーハで始まったＷＴＯ（世界貿易機関）の多角的貿易交渉の場で、日本は自国の農業を保護するために、とくに棚田が備えている保水の機能、洪水調節の機能、地すべり防止の機能　生物多様性の機能などの多面的機能を重視する主張を行ったのである。

棚田保全の取組み

保全の取組は、政府による施策としての取組みと民間における都市農村交流の一環としての取組みが重要である。まず、政府による施策としては一九九八年に始まった棚田地域等緊急保全対策事業がある。これは、二〜三枚の棚田を一枚にする畝町直し的整備、農道の新設や改良、用水路の改修、荒廃地の復田などが行われ、沈滞していた棚田地域に活力を与えたことで評価される。つづいて、二〇〇〇年には棚田地域で最も重要な施策である中山間地域等直接支払制度が実施されること

棚田オーナーになった筆者
（三重県熊野市丸山千枚田）

になった。この制度は、耕作放棄地の増加により疲弊が進む中山間地域の農業生産の維持を図りつつ、棚田の持つ多面的機能を確保することを目的としており、そのために耕作農民に交付金を支給して所得補償を行うという画期的な施策であった。

実際には、個人ではなく団地ごとに集落協定を結び、五年以上耕作を継続し、国土保全や保健休養、自然生態系の保全などの多面的機能を高めることを条件に一〇アール当たり二万一〇〇〇円が支給された。事業は五年間をくくりとして見直されることになっていたが、二〇〇五年からさらに五年間継続され現在に至っている。これら二期にわたる中山間地域等直接支払制度は、高齢化した農民の耕作意欲を刺激し、二〇〇〇年からの一〇年間、棚田面積が一五万ヘクタール台で推移していることからわかるように、耕作放棄に歯止めをかけたことで高く評価されているのである。

一方、民間において最も活発に展開されている取組みが棚田オーナー制度であり、二〇〇八年現在筆者が把握しているものだけでも全国九二か所で実施されている。これは、都市農村交流によって地域を活性化させ、棚田の保全を図ることを目的としている。具体的には、都市住民であるオーナーは一定額の会費を払い、小面積の棚田を借り地権者や地元の棚田保存会の会員などの指導をうけて農業体験を行い、豊かな自然に癒されるとともに借り受けた棚田の全収穫物、あるいは前もって保証された一定量の米を手にすることができる。これに対し、地元農民側はオーナーの来訪による賑わいがもたらす精神的高揚、オーナーの労力提供や会費から支払われる地代、指導料としての日当などの報酬、さらに広く地域にもたらされる経済的効果を通しての地域活性化などの恩恵をうけることになる。

保全の課題

今後の課題は、保全にかかわる担い手不足の問題である。現在、棚田地域で耕作に従事しているのは昭和一桁世代が中心になっている。この世代の人々はすべて五～六年後には八〇歳台となり、その多くが農業の現場から引退することを余儀なくされるものと思われる。したがって、棚田を保全するのに必須とされる第三期の中山間地域等直接支払制度が実施されたとしても、九〇歳を目前にした高齢者たちは五年間の耕作継続に不安を抱き、途中で止めて迷惑をかけてはならないという判断から辞退者がでることが予測される。そうなれば、折角の制度も機能することができず耕作放棄地の増大が懸念される。

このような状況から、高齢者により放棄される農地の耕作を引受ける担い手としての新規就農者や定年帰農者の獲得、あるいは受皿としての集落営農や営農組合、特定農業法人などの組織づくりが急務となっているのである。

参考文献
（1）神田三亀男（二〇〇四）『歌集　棚田と人間』広島地域文化研究所　一九六頁
（2）東京帝国大学編纂（一九〇五）『大日本古文書、高野山文書之三』　僧快全學道衆豎義料田寄進状　富山房　七四六頁
（3）中島峰広（一九九九）『日本の棚田―保全への取組み』古今書院　二五二頁
（4）中島峰広（二〇〇七）「棚田オーナー制度の発展・類型と評価」農村と都市を結ぶ　六七二　二六―三五頁

日本の生活環境文化大事典　柏書房　二〇一〇年五月二五日　掲載

2　里山にある棚田

集落とそれを取り囲む山を里山というのであれば、棚田はまさにそのような地理的な位置を占める水田のことである。すなわち、集落背後の山地や丘陵地などの斜面や谷に階段状にひらかれている水田を棚田とよんでいるからである。これを数量的に把握するには、一般には傾斜二〇分の一（水

平面を二〇メートル進んだとき一メートルほど高くなる傾斜）以上の斜面にある水田を棚田と規定している。

このような棚田を緩い傾斜をもった狭い谷底にひらかれた迫田（谷地田）型と、より急な斜面や広い谷にひらかれた山田型にわければ、前者の迫田型は飛鳥時代以前の古墳時代にはすでに出現していた。たとえば、古都飛鳥は奈良盆地の南東隅に位置し、盆地の縁辺部にあるばかりでなく、畝傍山や耳成山などの丘陵が点在している。これら盆地を限る山地や丘陵に刻まれた小さな谷は、天皇家や藤原氏、蘇我氏などの有力氏族のよりどころになっていたところである。その小さな谷の上部には小さな溜池が設けられ、溜池の下の緩く傾斜した谷底に土坡で築かれた階段状の湿田、すなわち迫田型の棚田がひらかれていたのである。これが最も古い棚田の姿であろうと考えられる。

これに対して、後者の山田型は高野山文書に「棚田」のことばが初見される室町前期以降、開発容易な盆地や河谷平野がひらかれ、開拓の余地がなくなってから多くみられるようになった。開発は、まず何らかの水源が求められ、多くの溜池が築かれたり、数キロから数十キロに及ぶ長距離水路が開削されたりしている。たとえば、山口県油谷町の向津島半島では約五〇〇ヘクタールの棚田の水を確保するのに大小二〇〇〇個以上の溜池が築かれていたり、長野県立科町では一〇〇ヘクタールにも満たない棚田を潤すのに五〇キロをこえる水路が開削されたりしており、棚田開発に対する先人たちの並々ならぬ執念がよみとれる。

棚田の造成は、法面が石積か土坡かによって方法が異なっていた。法面が石積の場合は最初に石積みが築かれ、それから表土、あるいは畑であれば耕土を脇によせて土が掘り取られ、低い谷側に

迫田（谷地田）型棚田（和歌山県紀の川市市場）

開発の古い迫田（谷地田）型棚田（奈良県明日香村小原）

溜池で灌漑される棚田（山口県長門市後畑）

築いた石積のところまで運んで平坦にした後、漏水を防ぐために平坦面に粘土を敷き固めて、表土・耕土を戻してならし、棚田が出来上がった。これに対して、土坡の場合は同じ作業をした後、最後に谷側の土が固められて土塁の法面がつくられた。

このような造成の作業は、とくに石積みの場合多大の労働力を必要とした。江戸時代初期に開発された三重県紀和町（現熊野市）丸山の千枚田では、一〇アール当たり延べ三〇〇〜四〇〇人の労働力が必要であったことが報告されている。また、筆者が宮崎県の西北部に位置する諸塚村で行った調査によっても、一九四〇年代に人力と簡単な作業用具のみによって実施された棚田造成の作業において、一〇アール当たり延べ四〇〇人前後の労力を必要としたことが確認された。造成は、専門の業者に委託することは少なく、ほとんどの農家で石積を専門の石工に築いてもらうほかは自らの作業によって行われ、効率を上げるために数戸から十数戸の農家が結をつくり、農閑期に進められたのである。そこには、営々として棚田を造成するために土を運び、石を積む農民の姿があったのである。

造成された後、それを維持するのも骨の折れる仕事であった。一枚が小さな区画での耕作、急坂の狭い道での資材や収穫物の運搬、植付面積の一〇～三〇％を占める畦畔や法面の草刈などによって平坦地水田より多くの作業量を必要とした。一九五五年三重県紀和町（現熊野市）丸山での調査によれば、当時の全国水稲販売農家平均一〇アール当たりの労働時間一九〇・四時間よりも六〇％多い三二〇時間を要していた。この差は、平坦地の整備された圃場と機械の大型化が進んだ現状ではより大きなものになっていると考えられる。

このような生産条件の違いによる効率の低さから、米の生産調整が一段と強化された昨今、棚田の耕作放棄が目立つようになった。耕作放棄率は、一九九三年の農水省の調査では棚田面積約二二万ヘクタールの約一二％と算定されているが、現在では二〇％をこえる数字になっているものと思われる。棚田地域を歩いてみると、集落より遠い山際や、水利の悪いところ、農道が整備されていないところなどは放棄が著しく、これらの条件に恵まれているところでも高齢化によって放棄さるところがみられるようになっている。

こうして棚田の放棄が進み、国土の荒廃が危惧されるようになったことをきっかけにして、「農民労働の記念碑」ともいわれる棚田造成に注がれた先人の労苦に対して畏敬の念が生まれるとともに環境を視野に入れた農政の転換、多面的機能の評価が行われるようになり、棚田を見直す気運が

棚田での結婚式（石川県輪島市白米千枚田）

高まってきた。なかでも、保水・洪水調節、土壌侵食・地すべり防止などの国土・環境保全、日本人の原風景といわれる文化的景観保全、両生類・魚類・昆虫・鳥類・哺乳動物など多様で独自性をもった生態系保全などの多面的機能が注目され、棚田保全の盛り上がりに貢献している。

国土・環境保全のうち、保水は自然の河川であればすぐに流下する河流を棚田地域に取り入れることにより、迂回・滞留させる役割のことであり、洪水調節は洪水時に棚田自体が果たす貯留の役割である。土壌侵食・地すべり防止は、ことに放棄地で頻発している地すべりを棚田耕作の継続により防ぐ役割のことである。文化的景観保全は、農村景観のなかでもとくに人々の心をいやし、なごませるアメニティー空間としての評価が高い景観が保全されている役割である。生態系保全は、自然の豊かさの指標となる多様な生物相が森林・水

棚田オーナーによる田植（長野県千曲市姨捨）

田・河川など複合的な土地利用がみられる棚田地域で保全されている役割である。

棚田保全の実際的な取組みとしては、石川県輪島市白米のように観光資源として位置づけ、行政や観光業者から耕作助成金をえる方法、岡山県中央町（現美咲町）大垪和のように有機・無農薬・天日乾燥などによって付加価値を高めた棚田米を直接消費者に高価額で供給し、経営の自立を図る方法、都市農村交流の一つとしての棚田オーナー制度による方法などがあげられる。

これらのなかで、棚田オーナー制度が最も活発な取組みであり、二〇〇一年現在高知県梼原町神在居をはじめとして三九市町村四〇か所で実施されている。これは、都市住民が農村の自然や農業の営みを評価して会費（一〇〇㎡当たり三万円の地区が多い）を払い市民農園として棚田を借り受け、地元農民の指導のもとで基本的には農業体験を行うもので、それによって地域を活性化させ棚田保全に結びつけようとする取組みである。

このほか国の施策としては、ウルグアイランド合意対策事業の一環として一九九八年より三か年の期間対応で始まったハード事業の棚田地域等緊急保全対策事業とソフト事業の棚田地域水と土保全基金事業がある。さらに、これらの事業の後をうけて二〇〇〇年度よりスタートしたのが中山間地域等直接支払制度である。これは、棚田があるような生産条件の不利な地域において所得補償（棚田耕作者に一〇a当たり二万一〇〇〇円を支給）により担い手を育成し、農業生産活動の維持を通じて耕作放棄を防止するとともに多面的機能の確保を図ろうとするものである。この施策では、高齢者にかわる担い手の発掘、たとえば新規就農者や定年帰農者などを棚田地域に定着させることが緊要の課題になるものと考えられる。

別冊太陽　里山の四季　日本のこころ一一七　平凡社　二〇〇二年四月二五日　掲載

3　日本の原風景としての棚田—その現状と保全の取組み—

棚田とその特質

棚田は、山地・丘陵地斜面に階段状に拓かれた水田のことであり、それを取り囲む山里の景色は美しく、日本人のこころを育んだ揺りかご、原風景ともいわれている。筆者は、定量的な把握をす

土坡の法面の草刈り作業（長野県千曲市姨捨）

るために一九八八年の農水省の資料を用い、傾斜二〇分の一（二〇メートル進んで一メートル上がる）以上の斜面にある水田を棚田と定義し、その面積が全国の水田面積の約八％に当たる二二・三万ヘクタールと算定した。

このような棚田は、第二次大戦後着実に進められてきた圃場整備事業からとり残されたものであり、事業が行われたとしても畝町直し的整備にとどまっている水田である。したがって、

（1）一枚当たりの面積が非常に小さい。
（2）農道がないか、整備されていない。
（3）法面の草取り・草刈り作業に多くの労力を要する。
（4）日照不足、通風不良の田が多い。
（5）強湿田や湿田状態にある場合が多いなどの特質をもっている。

これらの特質から、棚田は大型・乗用型の機械

類の使用ができないため平坦地の水田に比べてより多くの労力を必要とする。しかも、栽培条件が悪いため単位面積当たりの収量が少なく、土地・労働生産性ともに低い水田である。一般に棚田は平坦地の水田にくらべて六〇％ほどの収量しかないのに二倍以上の労力を要するといわれている。

棚田の耕作放棄

こうした生産性の低さにより棚田は一九七〇年から耕作放棄が始まった。この年は、日本の米づくりの歴史のうえでまさにコペルニクス的転回が行われた年であった。すなわち、農林省はそれまで開田を奨励、たとえば新潟県長岡市の越路原のような丘陵台地のボイ山に渋海川から大型ポンプで揚水し水田を作っていたものが、一転してコメ余りにより生産調整を始めたからである。その結果、生産性の低い棚田は標的となり転作・放棄されるようになった。この時、農林省は将来の見通しを誤りスギ林への転換をすすめた。しかし、衆知のごとく安価な外材の輸入により木材価格は暴落、立派な石垣の残る棚田は手入れされない荒れたスギ林にかわり、無残な姿を曝すことになったのである。

その後、棚田をとりまく環境はさらに厳しさを増し、過疎高齢化により耕作する担い手がいなくなり、転作・放棄に一層拍車がかかった。これまでにどれだけの棚田がなくなったか、農水省でも把握していないので推測によるしかない。筆者が算定した一九八八年の棚田面積二二一・三万ヘクタールから二〇〇九年の直接支払の対象面積一五・八万ヘクタールが現在の棚田面積とすれば三〇％ほど減少している。

したがって、耕作放棄が始った一九七〇年に遡ってみるならば、この時から日本の棚田のおよそ半分が放棄されたのではないかというのが私の考えである。

棚田保全への動き

棚田の耕作放棄が進むなかで、一方において保全への動きが一九九〇年代前半の頃からみられるようになった。その動きの背景には生産性を重視し、大規模な圃場整備を実施して日本人の原風景ともいわれる伝統的な農山村の景観を損なってきたことへの反省や同時にそれらへの郷愁があったものと思われる。制度的には、一九九二年に基本法農政のもとで実施されてきた農産物の生産奨励策から環境保護に貢献する農業や中山間地の農業対策を重視する新農政（食料・農業・農村基本法）への転換が示されたことである。

こうした社会的な状況のなかで、一九九五年九月に高知県梼原町で第一回全国棚田（千枚田）サミットが開催された。サミットでは全国から八〇市町村の代表者や一般市民、学識経験者、報道関係者など延べ一二〇〇名の人々が集まり、棚田保全に向けての熱心な討議が行われた。同年一二月には棚田サミットを主催する棚田連絡協議会に属する関東地区在住の個人会員（都市住民）が中心になり、棚田地域の支援を目的とする棚田支援市民ネットワーク(現在のＮＰＯ法人棚田ネットワーク）が設立された。これらを機にして、マスメディアがその美しさもあって棚田をしばしば取り上げるようになり、関心は一層高まることになった。

さらに、一九九九年七月には全国一三四か所の棚田が農水省により棚田百選に認定され、写真愛好者を中心とした都市住民が大勢棚田に押し掛けるようになり、同年八月には研究対象である棚田の保全を目的の一つとする棚田学会が設立された。また、二〇〇一年に中東カタールのドーハで始まったＷＴＯ（世界貿易機関）の多角的貿易交渉の場で、日本は自国の農業を保護するためにとくに棚田が備えている農業の持つ多面的機能を重視する主張を行ったのである。

棚田の多面的機能

棚田の持つ多面的機能としては、保水、洪水調節、地すべり防止、生物多様性などの機能があげられる。

（1）保水の機能。わが国は多雨国であるが、国土の大部分が山地・丘陵であり、しかも河川の勾配が急なために、降った雨は自然のままだとすぐに海へ流失してしまう。棚田は渓流から、わずかな勾配をつけた用水路を掘って水を導き、その後も上段から下段へゆっくりと落とし、地下へも浸透させて水を無駄に流さず保持する役割を果たしている。

（2）洪水調節の機能。棚田を含め水田は周りを畦で囲み湛水してネを育てているので、洪水になればその一部を貯留し調節することができる。棚田の貯水容量は畦の高さを三〇センチ、棚田面積を一六万ヘクタールとすると四・八億トンになる。これから棚田に湛えられている水の平均湛水深三センチ分の容量を引いた四・三億トンが洪水を調節する容量となる。これは、黒部第四ダムの有効貯水容量一・五億トン

横向きの川といわれる用水路（福島県喜多方市早稲谷）

のおよそ三個分に当たる。これらのことから棚田はダムの役割を果たしているといわれる。

（３）地すべり防止の機能。棚田は多くは地すべり地に拓かれている。したがって常に地すべりの危険があるが、よく保全されていれば地すべり防止になる。それが放棄されれば、乾燥した田面にクラック（地割れ）ができ、しだいにその口が大きく、棚田の基盤となっている粘土盤をも突き抜けるほど深くなると、クラックを通じて大量の雨水や融雪水が流れ込み地下水と一緒になり地すべりを引き起こすといわれている。

（４）生物多様性の機能。棚田は、圃場整備が進ん

満々と水を湛えた棚田（新潟県十日町市蒲生）

都市住民のオーナーによる田植え（長野県千曲市姨捨）

第三紀丘陵地の地すべり（新潟県上越市安塚区）

だ平坦地の水田にくらべてカエルなどの両生類、メダカ・ドジョウなどの魚類、ホタル・トンボ・ミズカマキリ・タガメ・・ゲンゴロウなどの昆虫類、ヘビなどの爬虫類、サシバなどの鳥類と多様で豊富な生きものがいることで知られている。これは棚田の多くが湿田であること、用排水路が兼用で生きものが自由に出入りできること、周辺に溜池が多いことなどにより年間を通して生きものが暮らせる水場が存在するためとされている。このような多面的機能を持つことで棚田の評価が高まり、棚田保全の潮流は一段と確かなものになったのである。

棚田保全の施策と取組み

保全の取組みは、政府による施策と民間における都市農村交流の一環としての取組みが重要である。まず、政府による施策としては一九九八年に始まった棚田地域等緊急保全対策事業がある。これは、二～三枚の棚田を一枚にする畝町直し的整備、農道の新設や改良、用水路の改修、荒廃地の復田などが行われ、沈滞していた棚田地域に活力を与えたことで評価される。つづいて、二〇〇〇年には棚田地域で最も重要な施策である中山間地域等直接支払制度が実施されることになった。この制度は、耕作放棄地の増加により疲弊が進む中山間地域の農業生産の維持を図りつつ、棚田の持つ多面的機能を確保することを目的としており、そのために耕作農民に交付金を支給して所得補償を行うという画期的な施策であった。

実際には、個人ではなく団地ごとに集落協定を結び、五年以上耕作を継続し、国土保全や保健休養、自然生態系の保全などの多面的機能を高めることを条件に一〇アール当たり二万一〇〇〇円が支給された。事業は五年ごとに見直され、二〇一一年から三期目に入っているが、高齢化した農民の耕作意欲を刺激し、二〇〇〇年からの一〇年間棚田面積が約一六万ヘクタールで推移していることからわかるように、耕作放棄に歯止めをかけたことで高く評価されている。さらに、二〇〇七年から始った農地・水・環境保全向上対策事業は、混住化や高齢化により農業者の力が弱っている集落において農業者のほか自治会・消防団・学校ＰＴＡ・子供会などの協力をえて井浚え、放棄地の草刈り、景観作物の管理などを行うもので中山間地域等直接支払制度との組合せで成果を上げている地域が多くみられる。

一方、民間において最も活発に展開されている取組みが棚田オーナー制度であり、二〇一〇年現在筆者が把握しているものだけでも全国九二か所で実施されている。これは、都市農村交流によって地域を活性化させ、棚田の保全を図ることを目的としている。具体的には、都市住民であるオーナーは一定額の会費を払い、小面積の棚田を借り　地権者や地元の棚田保存会の会員などの指導をうけて農業体験を行い、豊かな自然に癒されるとともに借り受けた棚田の全収穫物、あるいは前もって保証された一定量の米を手にすることができる。これに対し、地元農民側はオーナーの来訪による賑わいがもたらす精神的高揚、オーナーの労力提供や会費から支払われる地代、指導料としての日当などの報酬、さらに広く地域にもたらされる経済的効果を通しての地域活性化などの恩恵をうけることになる。

保全の課題

今後の課題は、保全にかかわる担い手不足の問題である。現在、棚田地域で耕作に従事しているのは昭和一桁世代が中心になっている。この世代の人々はすべて五～六年後には八〇歳台となり、その多くが農業の現場からの引退を余儀なくされると考えられる。したがって、棚田を保全するのに必須とされる中山間地域等直接支払制度の第三期対策が二〇一一年から実施されても、九〇歳を目前にした高齢者たちは五年間の耕作継続に不安を抱き、途中で止めて迷惑をかけてはならないという判断からの辞退者が予測される。そうなれば、折角の制度も機能することができず耕作放棄地の増大が懸念される。このような状況から、高齢者により放棄される農地の耕作を引受ける担い手としての新規就農者や定年帰農者の獲得、あるいは受皿としての集落営農や営農組合、特定農業法人などの組織づくりが急務となっているのである。

町村週報　二七五五号　全国町村会　二〇一一年四月四日　掲載

4　棚田の魅力と役割

棚田の魅力

棚田の魅力は、その美しさにある。たとえ森に囲まれた谷地田のなかの数枚でも心にとまり、斜面一面をおおう能登・輪島市白米のような千枚田では小さな区画と枚数の多さがつくりだす景観

天端石が揃った美しい石垣（山口市徳地町三谷）

ハサ架けによる自然乾燥（静岡県松崎町石部）

に圧倒される。季節的には棚田に水が張られる初夏、田面がきらきらと輝き朝日や夕日に映える時、カメラマンでなくてもシャッターを押したくなる光景である。法面の構造でも、東日本に多い土坡の棚田ではことに草刈後の畦の曲線に魅了され、西日本に多い石垣の棚田では綺麗に揃えられた天端石に目が奪われ、乱れ積みの石積みまでも整然として見える。

また、棚田はわれわれ日本人の原風景ともいわれる。原風景とは本来個人の青春期における自己形成空間である。今日、われわれの多くが都会育ちであるにも拘わらず、棚田のある里山の風景が日本人の原風景といわれるのは、弥生以来稲作文化のなかで暮らしてきた長い歴史があり、その文化を支えてきた伝統や教育、情報などによって作り出されたものと考えられる。棚田のある里山の風景は日本人のこころを育んできた揺籃の地ともいえる。

美味しい米をつくる

棚田はもともと山田とよばれており、その山田の米が美味しく、上質米であることは科学的にも根拠のあることだ。すなわち、山間地にある棚田は、平坦地の水田に比べて昼夜の温度差が大きく、出穂から登熟までに必要な積算温度一一〇〇～一二〇〇度に達する日数が一五日程度遅くなる。それゆえ、夜間に余分のエネルギーを消耗することなく、ゆっくりと登熟するために充実した美味しい米がつくられる。

ことに、区画が小さく、農道もないような棚田ではコンバインでの収穫ができず、バインダーで収穫され、ハサ架けにして二週間ゆっくりと天日乾燥が行われる。一方コンバインで収穫された米はライスセンターに送られ、瞬時に人工乾燥が行われる。この乾燥方法の違いにより、主観的ともいえる食味に歴然とした違いが生まれる。

降った雨をゆっくりと流す

棚田は、降った雨をゆっくりと流す保水の役割がある。わが国は、年平均降水量が一五〇〇ミリ、世界のなかでも比較的降水量の多い国として知られている。しかし、国土の四分の三が山地・丘陵であるため、降った雨の多くが急流となり瞬時にして海へ流出してしまう。明治初期のお雇い外国人技師オランダ人のデレーケは、ヨーロッパの広大な平坦地を流れる勾配の緩い河川と比較して、「日本の川は滝である」と表現したほどである。これに対し、棚田地域では降った雨を等高線に沿った横向きの川といわれる用水路を通じて田に導いている。導かれた水は田から田へと落とされる田越しとよばれる方法で一枚一枚の棚田を灌漑し、ゆっくりと流れ落ちる。

たとえば、棚田の白眉といわれる能登白米の千枚田では、一二七枚の棚田に用水路からの取入口は一か所、それが三つに分かれ、それぞれ四〇数段の棚田を一枚ずつ灌漑して流下、水を迂回・滞留させている。

ダムのように洪水を調節する

棚田には谷側に高さ三〇センチ程の畦が築かれている。このため、大雨になれば上流の山地・丘陵地にある棚田は一杯に水が貯められ、洪水調節の役割を果たしている。その量は、私が傾斜二〇分に一以上にある斜面の水田を棚田と定義した面積二二・三万ヘクタールをベースにして計算すれば、貯水可能容量六・六億トン。これから灌漑のため棚田に貯められている水の容量を差し引いた五・九億トンが洪水調節容量になる。これは、日本でも有数のダムとして知られる黒部第四ダムの有効貯水容量一・五億トンのほぼ四つ分に当たる量である。

地すべりを防止する

棚田は、日本一の卓越地として知られる新潟県頸城地方のような地すべり地に多くみられる。耕作が継続され、十分に管理されていれば地すべりを抑えることができるが、耕作が放棄されると地すべりが発生する。そのメカニズムを説明すると、まず棚田が放棄されて乾地化が進むと田面に割れ目（クラック）ができる。それが、時間の経過とともにより大きく、より深くなっていく。棚田は、田面から三〇センチ前後の深さ、すなわち表土の下に漏水を防ぐため数センチの粘土盤が設けられている。クラックが表土の深さで止まっていれば、大規模な地すべりは発生しないが、それが粘

頸城の棚田地域における地すべり
（新潟県上越市安塚区）

小学生の田植農業体験（長野県千曲市姨捨）

土盤を突き抜けると、大雨や雪解けにより大量の水が流れ込み、地下水と一緒になって動き、地すべりが発生すると考えられている。

多様な生き物がいる

棚田地域には、両生類・魚類・昆虫・爬虫類・鳥類など多様な生き物がいる。棚田でみられる代表的な生き物といえばアカガエル・アマガエル、メダカ・ドジョウ、ミズカマキリ・タイコウチ・ゲンゴロウ・ガムシ、ハッチョウトンボ・アキアカネ、マムシ・ヤマカカシ、サシバなどである。

これら生き物の多くは一年中どこかに水溜りがなければ生きていけない。しかし、近代的な圃場整備が行われた平坦地の水田では用排水分離や乾田化が進み、水溜りが少なくなっている。一方、棚田地域では周りに溜池や用排水兼用の水路、棚田内にも山側から滲みだす冷水の水溜りなどがあり、生き物の棲息に適し、冷水の水溜りにはカワニナが棲みホタルの幼虫の餌になっている。

農業体験・レクリエーションの場になっている

日本人の原風景といわれる棚田景観は都市住民に心を癒すアメニティー空間を提供している。この空間を利用して小・中学校や高校の生徒による田植や稲刈の農業体験が行われており、都市農村交流の一つとしての棚田オーナー制度も各地で展開されている。

このように、棚田のもつ役割は多岐にわたっており、環境への関心が高まる時代の趨勢のなかで、ますます重要性を増しているのである。

大阪保険医雑誌　五五六号　大阪府保健医協会　二〇一三年一一月二〇日　掲載

4　文化的景観としての棚田

1　文化的景観としての棚田の保全

光が当てられた農山漁村の文化的景観

この度、文化庁によって「農林水産業に関連する文化的景観の保護に関する調査研究（報告）」がまとめられた。その内容は、研究の背景になったものや景観保護のあり方、今後の課題にまで及ぶもので、具体的な対象地域も列挙されている。対象は、水田、畑地、森林、漁場などの土地利用に関する景観や気象、習俗・行事によって現われる風土に関する景観、伝統的産業及び生活を示す文化財の周辺の景観などであり、二次調査では五〇二か所、そのうちの一八〇か所が重要地域に選ばれている。

これまで、農山漁村の文化的景観は、近代化と経済効率を重視した国の施策や社会的風潮のなかで蔑ろにされてきた。たとえば、われわれが美しいと思っている農村景観はそれぞれの地域の自然と文化・伝統のもとで、地域の資材を用い、生活様式にあわせて建てられた固有の民家と耕作景をつくりだしていた。それが家屋は全国共通の同一規格の住居になり、耕地も整然とした大型圃場に姿を変えた。また、ハサに利用された畦畔木は切り倒され、用・排水路は三面コンクリートに整備されて個性のない風景に塗りかえられている。このような情勢のなかで、文化的景観に光が当てられたことは意味深いことであり、今後さらに施策を充実させ、保全が図られることを期待したいものである。

先行した棚田景観の保全

ところで、農山漁村の文化的景観のなかで、棚田景観は他に先駆けて関心を集め、すでに保全の取組みが始まっている。今回の調査研究においても、重要地域として選ばれている水田景観三五か所のなかで、二二か所が棚田景観である。

それは、まず棚田景観自体が農村景観のなかで日本人の原風景といわれ、特別なものとされるからである。「日本の風景」を書いた樋口忠彦が日本人のふるさととした山の辺の地は棚田が生まれたところである。森を背後にした山麓部には集落ができ、谷頭に棚田がひらかれた。森からの清らかな水は飲料水となり、隣接する田を潤し、森から集められた枯葉を堆肥にして米がつくられてきた。その景観はわれわれのこころを癒し、やすらぎを与えてくれるアメニティ空間といえるものである。

もう一つは、国内における全国棚田（千枚田）サミットの開催、農水省による棚田百選の認定、棚田学会の設立、海外におけるフィリピン・コルディレラの棚田の世界遺産登録など棚田に対する人々の関心を高めた一連の動きである。これらが、国の直接支払制度による棚田の耕作助成、都市住民が経済的な支援を行う棚田オーナー制度のひろがりなどを生み、棚田景観を保全する取組みに結びついたのである。

名勝指定第一号の棚田（長野県千曲市姨捨）

文化庁によって名勝指定された二か所の棚田

こうして、文化庁は長野県千曲市（更埴市）姨捨（田毎の月）地区と石川県輪島市白米地区の二か所の棚田をすでに名勝に指定して保全に当たっている。これは、従来農耕地が生産の場として経済的・実用的な価値からしかとらえられなかったのに対して、農耕地がつくりだす景観に文化的な価値を付与したことや名刹の寺院やその所有農地、棚田の核心部分に止まらず、周辺農地のバッファーゾーンにまで指定の範囲をひろげ、周辺地域の環境を一体としてとらえ、文化的景観の包括的な保全を図ったことで画期的であった。

保全に当たっての課題

今後、棚田以外の農山漁村の文化的景観を評価して、対象地域を拡大して保護に当たる場合、

名勝指定第二号の棚田（石川県輪島市白米千枚田）

克服しなければならない課題がある。それは、対象となる空間が農林水産業の経済活動が行われている場であることから、効率性の追求との競合である。また、文化財として指定することが経済活動の継続に有効であるかの懸念である。

すでに、名勝指定された棚田地区では伝統的形態の保全から全面的な形態改変までの四段階に分けた現実的な保存管理の方法が考えられている。しかし、理想的には伝統的形態の保全が望ましいことから、そこに軸足を置き、過疎化や高齢化による農林水産業の担い手不足の解消も含めた経済活動の継続をも可能にする行政の分野をこえたさらに幅広い連携が必要となるであろう

文化庁月報　二〇〇三年一一月号　No四二二

文化庁　掲載

2　文化的景観と国土

農山漁村の文化的景観

景観には、人間の営力が加わっていない「自然景観」と加わっている「文化景観」とがあり、後者には人間の営力により醜く改変された景観も含まれている。しかし、ここでは、定義で価値の高い景観とされているので、価値のある美しい景観のみを対象にするという意図から「文化景観」ではなく、「文化的景観」という用語が用いられているものと考えられる。

ところで、この度文化庁が文化財保護法を改正して、保護を必要とする六つ目の分野として新設を目指している「文化的景観」は、農山漁村の文化的景観である。このことは、新しい施策の出発点となった「農林水産業に関連する文化的景観の保護に関する調査研究」において、「文化的景観」を「農山漁村地域の自然、歴史、文化を背景として、伝統的産業および生活と密接にかかわり、その地域を代表する独特の土地利用の形態または固有の風土を表す景観で価値が高いもの」と定義していることからも明らかである。つまり、農山漁村地域の固有の伝統的産業・生活や歴史・文化と密接に関わっている独特の土地利用や風土的特色を顕著に示している好ましい景観を「文化的景観」としているのである。

「文化的景観」の諸相と特質

「文化的景観」は、具体的には土地利用、風土、伝統的産業・生活に関連するものとこれらの複合景観の四つに分類されて示されている。

（1）土地利用に関するものは、棚田や条里遺構、ハサ木などがみられる水田景観、段々畑でリンゴ・ミカン・茶・除虫菊などを栽培する畑地景観、放牧や採草を目的とする草地景観、砂防林や美林といわれる杉林などの森林景観、独特の漁場や養殖筏、石積みの護岸などがみられる漁場・漁港・海浜景観、葦原や溜池群、淡水魚介類の漁撈風景などの河川・池沼・湖沼・水路景観、茅葺き民家や散居形態などの集落に関連する景観などである。

（2）風土に関するものは、古来より信仰・行楽の対象や芸術の題材となってきた山・川・海岸などの景観、雪形や川霧などの独特の気象によって現れる景観、雨乞いや虫送りなどの習俗・行事などによって現れる景観などである。

（3）伝統的産業や生活を示す文化財の周辺の景観としては、潜水橋、水車群、石橋群などがあげられている。

（4）複合景観は、水田と水源地、集落と農耕地など農林水産業の仕組みを軸として深い関係を有するものや同一の河川流域または特定の主題のもとで歴史・文化を共有する複数で異種の景観からなるものを指し、たとえば出雲平野の築地松の散村集落、四万十川流域、遠野地方など広い範囲に及ぶものである。

これら「文化的景観」の特質は、人間が長い時間をかけて土地と関わり合うなかで形成されたものであり、現代の産業や生活様式との調和の下でも維持されているものである。このようにして形成された景観は、豊かな地域性を持っており、その地域に生まれ育ち、生活を営む人々にとっては原風景ともいえる心の拠り所になっているものである。また、景観は伝統的産業や生活がもつ一定の周期の下で、一日のうちに、あるいは季節的に変化しているものであり、長い時間の経過のなかでは産業や生活の変化にともなって徐々に進化をとげてきたものも多い。さらに、景観は有形・無形の多様な構成要素からなり、これら諸要素が有機的に結びついていること、地形や景観の性質により多様な構造からなっていること、多様な生物種とその生息地が適度に維持されていることなどの特質をそなえている。

「文化的景観」に光が当てられた背景と保全の必要性

これまで、農山漁村の文化的景観は、近代化と経済効率を重視した国の施策や社会的風潮のなかで蔑ろにされてきた。ことに、一九六〇年代以降の高度経済成長期を中心にして行われた公共事業や民間投資によって大規模な地域開発や圃場整備事業が盛んに展開され、地域住民が長い時間をかけてつくりあげ、心の拠り所にしてきた原風景ともいえる景観が急速に失われていった。

たとえば、われわれが美しいと思っている農村景観はそれぞれの地域の自然と伝統的産業や生活、歴史・文化のもとで、地域の資材を用い、生活様式にあわせて建てられた固有の民家と耕作景がつ

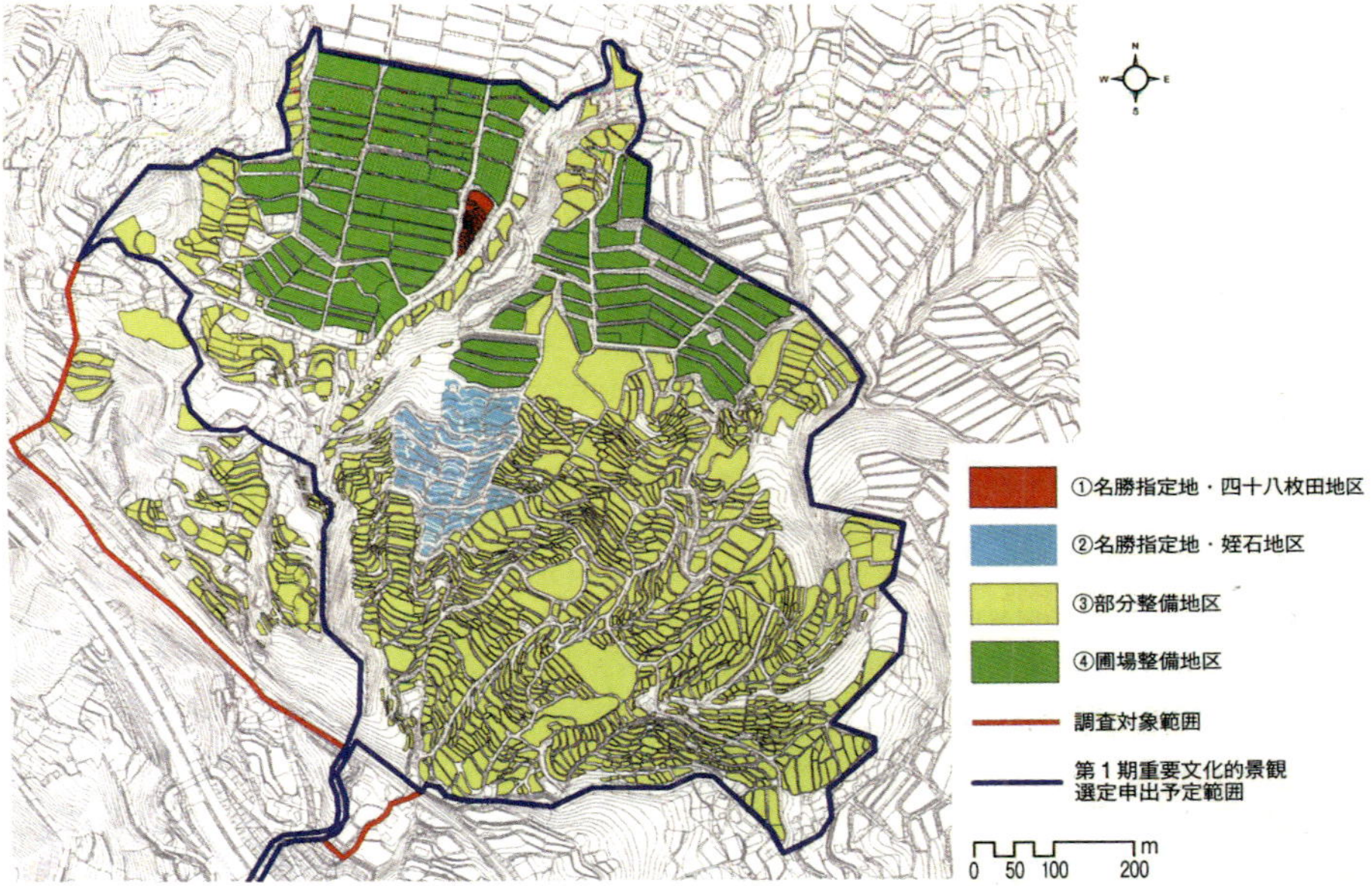

ランク付けとゾーニングによる景観保全（長野県千曲市姨捨）

くりだされていた。それが家屋は全国共通の同一規格の住居になり、耕地も整然とした大型圃場に姿を変えた。また、ハサに利用された畦畔木は切り倒され、用・排水路は三面コンクリートに整備されて個性のない風景に塗りかえられている。小学唱歌の「春の小川はさらさらゆくよ、岸のスミレやレンゲの花に」と歌われた風景は姿を消し、無機質の直線的なコンクリート張りの水路に変わってしまったのである。

　このように、経済効率の名のもとに醜く改変され、さらに耕作放棄などで荒廃していく国土をみて、人々はものの豊かさを追求してきた結果であることに気づき、心の豊かさを充足させ、安らぎを与えてくれる「文化的景観」に惹かれるようになった。人々のものごとを判断する価値観が変ったのである。

さらに、「文化的景観」は美しい国土を保全する役割をも担っている。たとえば、代表的な「文化的景観」とされる棚田は、米をつくるほかに降った雨をすぐに海へと流失させない保水機能、土壌侵食・地すべり防止機能、洪水調節機能などの多面的機能を有している。そして、「文化的景観」をつくりだしている伝統的産業や生活は、環境への負荷が少ない持続的・資源循環型の活動・行動様式であることも認識されている。これらのことから、われわれは美しい国土の保全と持続的社会をつくり上げるために心の拠り所としての「文化的景観」を後世の人に伝えなければならないのである。

保全に当たっての課題

今後、農山漁村の「文化的景観」を評価して保全に当たる場合、克服しなければならない課題がある。それは、「文化的景観」としての土地利用や景観がみられる空間が農林水産業の経済活動が行われている場であることから生ずる問題である。保全する立場からの景観の堅持と効率性を追求する立場からの景観の改変が鋭く対立し、重要な問題になるものと思われる。

この問題を解決する一つの方法として、すでに文化庁が記念物の名勝指定により棚田の保全を図っている千曲市姨捨や輪島市白米でみられるような、指定地域を一切の改変を認めない伝統的形態の保全地区、若干の改変を認める地区、部分的な改変を認める地区、大規模な改変を認める全面的整備地区の四段階に分けたゾーニングにより景観の保全を図る現実的な保存管理の方法が考えられる。しかし、理想的には伝統的形態の保全が望ましいことから、そこに軸足を置き、過疎化や高齢化による農林水産業の担い手不足の解消も含めた経済活動の継続をも可能にする施策の展開を図るためには、文化庁、農水省、国交省、環境省などの行政の分野をこえた幅広い連携による施策の展開が必要となるであろう。

掲載誌不明

5 棚田オーナー制度

1　山村におけるオーナー制度による棚田の保全

棚田の現状

棚田は、中山間地の傾斜地にある山田のことで定量的には傾斜二〇分の一以上の斜面にある水田とされている（中島峰広、一九九九）。その面積は一九八八年の農林水産省構造改善局の調査[1]によれば二二・三万㌶である。これは、全国の水田面積二七〇万㌶（一九九七年）の約八％に当たる数字である。

これらの棚田は、傾斜地に拓かれているために一枚（区画）当たり面積が小さいこと、農道が整備されていないこと、冷水・日照不足により収量が少ないことなどにより生産性の低い水田とみなされてきた。実際に、農道が整備されていないので大型の農業機械を使用することができず、また坂道の運搬や畦畔の除草など余分の作業があるため、平坦地の水田に比べて二倍の労力を要し、収量は六〇％にすぎないといわれる（山路、二〇〇一）。

このような特質から、棚田は一九七〇年代から始まった米の生産調整によって、まず減反・転作の対象になり杉が植えられた。棚田地域を歩くと、山際の部分で立派な石積みの圃場に三〇年近い樹齢の杉林がみられるが、これらが当時棚田から転換されたものである。その後、生産調整の強化と耕作者の高齢化により今度は放棄されるようになり、農林水産省と日本土壌協会が一九九一～

九三年に二二・一万ヘクタールを対象にして行った調査では約一二％に当たる二万五七四九ヘクタールが耕作放棄されたとしている。現在では、荒廃はさらに進み現地調査からの印象によれば二〇～三〇％の棚田が放棄されたものと思われる。ほとんどの棚田地域で荒れた山が里に迫り、サル・イノシシ・シカなどの獣害に悩まされているのが現状である。

棚田保全への動き

一九九五年高知県梼原町で第一回全国棚田（千枚田）サミットが開催された。サミットでは、棚田の耕作放棄が顕在化し国土の荒廃に危機感をもった地域農民、行政の関係者、一部の都市住民、識者などが全国的規模で集まり棚田の保全について熱心な議論が行われた。これを機にして、棚田がマスメディアにしばしば登場するようになり、一九九九年の農林水産省による棚田百選の選定や棚田学会の設立などを経て一般の人々にもその存在と現状に関心が持たれるようになったのである。

一方、農政においても農業収入と他産業賃金との格差をなくすことを目的として一九六一年に制定された「農業基本法」に基づく路線から一九九二年に立案された「新しい食料・農業・農村政策の方向」へと政策展開の転換が行われた。これは、最終的には一九九九年に制定された「食料・農業・農村基本法」に結びつくものであり、農政が従来の農産物の生産奨励策から農村の地域社会政策へと切り替わったことを意味するものであった（原、一九九四）。その背景には、山村の過疎化、耕作地の放棄、担い手の高齢化、農業後継者の不在などの社会的問題が顕在化したことや、これらの問題によって荒廃してゆく農村の暮らしを維持するために水と土、森林、景観など環境保護に貢献する農業を前面に押し立てることが必要であったからである。

こうして農業の公益的機能が強調されるようになった。その後、公益的機能は多面的機能という言葉に置き換えられ、その一つである国土保全の機能において重要な役割を果たすということから棚田が脚光を浴びるようになった。その結果、農政においても棚田の保全の取組みがみられるようになったのである。

棚田保全の取組みと施策

棚田の保全は、国の施策として棚田地域等緊急保全対策事業や棚田地域水と土保全基金事業、さらに発展して個別経営に補助を与える中山間地域等直接支払制度などの展開がみられる。一方、行政単位あるいは民間においても近年保全の取組みが活発になっている。それには、まず棚田の基本的な機能である生産の場として役割を維持するための取組みがある。その具体的方策としては、生産性を高めるために小さな区画を大きくし、農道を整備する圃場整備が国の助成をえた事業や個人の力によって長年にわたって実施されてきた。しかし、それも比較的緩い傾斜にある棚田のところまでであり、傾斜八分の一以上になると、一区画一〇㌃程度の圃場にしようとすれば工事費がかかるうえに、大きな法面ができあがり、本地面積（水張り面積）が小さくなるという欠点があるため、ほとんど整備されずにきたのである。

町の顔になっている蘭島の棚田（和歌山県有田川町西の里）

そのような棚田の二〜三枚を一枚にする畝町直し的整備を行って作業を容易にし、付加価値を高めた棚田米の栽培を行い、その維持を図ろうとしているのが棚田百選地の一つでもある岡山県中央町（現美咲町）大垪和でみられるような自主営農型の取組みである。ここでは、有機無農薬栽培と天日乾燥により特別栽培米としての認証をえて、六〇キログラム当たり二万八一〇〇円の価格（一九九七年）で大阪市の「大阪ミナミ無農薬研究会」に属する消費者に買取ってもらう仕組みをつくりあげている。しかし、そのひろがりは数ヘクタールにすぎず、量的拡大が今後の課題となっている。

これに対して、生産の場としての役割以外の多面的機能に着目し、現状のままで圃場整備を行わず、小区画のへの字形(2)の棚田景観を観光資源として、あるいは都市住民が農業体験を行う場として活用・保全する取組みがみられる。

前者は、石川県輪島市白米や和歌山県清水町（現有田川町）西の里（蘭島）などでの観光資源型ともいえる取組みである。両者とも棚田百選に認定されており、優れた景観の棚田として知られている。輪島市白米地区では、能登観光のルート沿いにあるため、米の生産調整が始まった一九七〇年より県や市から耕作助成金が支給されて千枚田（棚田）の保全が図られてきた。一九九三年より、県や市、地元の商工会議所や観光関連の団体などが八千万円の基金を設けて、その運用益で助成を行う方式に変更したが、その後金利が著しく低下したため、再び市から助成金の上乗せが行われるようになっている。清水町西の里は、有田川の段丘上にある扇の形をした整った美しさをもつ棚田であり、町が発行する各種刊行物の表紙を飾り、町の顔になっている。このため、町が一〇アール当たり三万円、合計六〇万円の耕作助成金を支給して景観が維持されている。

後者は、棚田オーナー制度とよばれる都市農村交流型の取組みである。国からの助成や補助金に頼らず、地元農民と都市住民の交流によって地域を活性化させ、棚田の保全を図っている自立的、内発的な取組みである。そこで、現在各種取組みのなかで最も活発な展開をみせている棚田オーナー制度を取り上げ、その現状と課題を明らかにしたい。

棚田オーナー制度の誕生と全国的展開

棚田オーナー制は、第一回全国棚田（千枚田）サミットが開かれた高知県梼原町の神在居地区で一九九二年に始められたものである。梼原町では、一九九〇年代に入って著しい過疎化と耕作放棄の現実に直面し、地域起しの一環として「交流の里づくり」が構想された。その一つとして司馬（一九八六）により「万里の長城にも比すべき人類の遺産」と紹介された千枚田がふるさと景観の重要な資源として位置づけられ、都市住民との交流を図る場にすることが考えられた。

具体的には、一九九一年に中央の農林水産省より人材交流で梼原町に出向していた職員が、放棄されていた棚田を借りて夫婦で耕作したところ、豊かな自然のなかでの農業体験がきわめて新鮮で、心身が癒され、魅力あるものであったことから、この職員の提案により町の産業経済課が主導して地元へ働きかけが行われ、一九九二年に棚田オーナー制度が誕生したのである（高知県梼原町：一九九五）。

オーナー制度の取組みが全国的に広がるようになったのは、表1に示すように一九九五年に第一回全国棚田サミットが梼原町で開催された後のことである。すなわち、それまでは発祥の地である梼原町のほか、同県の大豊町と新潟県頸城地方の三町にみられるにすぎなかったものが、それ以後急速に全国的なひろがりをみせるようになった。筆者が把握しているだけでも、九六年、九七年にそれぞれ五か所、九八年に八か所、九九年に五か所、二〇〇〇年に一二か所、〇一年に三か所、〇二年に七か所、合計五〇か所、四九の市町村で取組みが始まっている。これは、梼原町を初めとしてサミットが開催された市町村で取組まれていたオーナー制度が紹介されたため、参加した棚田

第１表　類型別棚田オーナー制度（2002年）

I　農業体験・交流型

府県・地区	開始年	口数	面積(㎡)	会費(円)	保証(kg)	体験・作業の内容	備　　考
新潟・大島村旭	1995	28	200	32,000	白米60.0	田植・稲刈	
高知・大豊町庵谷	1995	30	なし	20,000	玄米30.0	田植・稲刈	
★長野・中条村御山里	1996	19	100	23,000	白米45.0	田植・稲刈	中条たんぼの会　太田・大西地区
★三重・紀和町丸山	1996	97	100	30,000	白米15.0	田植・稲刈	野菜付き
兵庫・大屋町加保	1997	52	50	20,000	全収穫	田植・草刈・稲刈	25㎡(１万円)－70㎡(2.8万円)
兵庫・猪名川町柏原	1997	70	50	20,000	玄米20.0	田植・稲刈・脱穀	柏原棚田王国(２戸の農家による)
★佐賀・西有田町岳	1997	16	100	28,000	全収穫	田植・稲刈	
★鹿児島・栗野町幸田	1997	9	なし	15,000	白米30.0	田植・稲刈	
新潟・吉川町坪野	1998	24	100	30,000	玄米60.0	田植・稲刈	白米54kg
長野・三水村赤塩	1998	5	100	25,000	全収穫配分	田植・稲刈	
京都・伊根町新井	1998	70	なし	10,000	白米5.0	田植・草刈・稲刈	棚田応援団,伊根の酒または魚付き
★大阪・能勢町長谷	1998	111	なし	39,300	玄米30.0	田植・稲刈	会費は三草山に因む
★福岡・浮羽町葛籠	1998	113	なし	40,000	白米30.0	田植・稲刈	山の幸・果物(約1.1万円分)付き
★富山・氷見市長坂	1999	55	100	30,000	玄米40.0	田植・稲刈	農産加工品付き
石川・中島藤瀬	1999	30	Aタイプ	13,000	白米30.0	田植・稲刈	75－100㎡
			Bタイプ	25,000	白米60.0	田植・稲刈	150－200㎡
★島根・柿木村大井谷	1999	36	100	36,000	全収穫	田植・草刈・稲刈	80㎡(3.3万円)－230㎡(5.5万円)
岡山・西粟倉村中土居	1999	6	100	28,000	全収穫	田植・稲刈・脱穀	湯の里米づくり委員会
★山形・山辺町大蕨	2000	10	100	30,000	全収穫配分	田植・稲刈	
★兵庫・美方町貫田	2000	11	100	39,800	全収穫	田植・草刈・稲刈	
兵庫・三田市上槻瀬	2000	9	50	30,000	玄米30.0	田植・草刈・稲刈	うるち・コシヒカリコース
		1	50	15,000	玄米10.0	田植・草刈・稲刈	もち・ヤマフクモチコース
★兵庫・佐用町乙大木谷	2000	21	100	30,000	玄米40.0	田植・稲刈	
★鳥取・岩美町横尾	2000	9	100	35,000	白米30.0	田植・稲刈	
★鳥取・若桜町舂米	2000	2	100	30,000	白米20.0	田植・稲刈	
高知・南国市上倉	2000	7	なし	10,000	玄米30.0	田植・草刈・稲刈	
★大分・山国町羽高	2000	13	50	15,000	白米15.0	田植・稲刈	
★長野・上田市岩清水	2001	3	100	30,000	玄米60.0	田植・稲刈	
兵庫・関宮町東鉢伏	2001	13	100	35,000	白米30.0	田植・草刈・稲刈	
大分・宇目町柳瀬	2001	16	なし	10,000	玄米30.0	田植・稲刈	キャンプ村宿泊券付き
静岡・松崎町石部	2002	60	100	35,000	白米20.0	田植・稲刈	
兵庫・村岡町大笹	2002	1	100	40,000	全収穫	田植・草刈・稲刈	
山口・油谷町小田	2002	3	100	30,000	全収穫	田植・稲刈	
★宮崎・日南市坂元	2002	20	100	30,000	白米30.0	田植・草刈・稲刈	

第１表　類型別棚田オーナー制度（2002年）（続き）

Ⅱ　農業体験・飯米確保型

府県・地区	開始年	口数	面積(㎡)	会費(円)	保証(kg)	体験・作業の内容	備　　考
新潟・松之山町湯山	1993	29	500	90,000	玄米180	田植・草刈・稲刈	浦田
新潟・安塚町細野・朴木	1994	22	500	90,000	玄米180	田植・稲刈	沼木
新潟・糸魚川砂場	1998	9	500	85,000	白米180	田植・稲刈	400－600㎡

Ⅲ　作業参加・交流型

府県・地区	開始年	口数	面積(㎡)	会費(円)	保証(kg)	体験・作業の内容	備　　考
★高知・檮原町神在居	1992	27	100	40,010	全収穫	田起・田植・草取・草刈・稲刈・脱穀	会費は四万十川に因む
★長野・更埴市姨捨	1996	59	100	30,000	全収穫	田植・草刈・稲刈・脱穀	
★奈良・明日香村稲淵	1996	71	100	40,000	全収穫	田起・田植・草刈(2回)・稲刈・脱穀	
★兵庫・加美町岩座神	1997	22	100	50,000	全収穫	田植・草取・草刈・稲刈・脱穀	
兵庫・加美町轟	1998	11	100	40,000	全収穫	田植・草取・草刈・稲刈・脱穀	
島根・羽須美村上田	1999	11	100	39,000	全収穫	田植・草刈(2回)・稲刈・脱穀	会費はサンキューに因む
★千葉・鴨川市平塚	2000	136	100	30,000	全収穫	田植・草刈(2回)・稲刈・脱穀	50㎡(1.5万円)
★滋賀・高島町畑	2000	35	100	30,000	白米40.0	田植・草刈と施肥(同日実施2回)・稲刈	おまかせ，こだわり
京都・舞鶴市西方寺平	2000	6	100	40,000	全収穫	田植・草取・草刈・稲刈	
京都・市川町寺家	2000	5	100	15,000	白米30.0	元肥・代掻・田植・草刈・稲刈・脱穀	寺家集落棚田保全協議会
★栃木・茂木町石畑	2002	13	100	30,000	全収穫配分	田植・草刈・稲刈・脱穀	入郷棚田保全協議会
山口・徳地町三谷	2002	20	100	32,000	白米30.0	田植・草取・稲刈・脱穀	80㎡(2.76万円)
山口・徳山市中須	2002	10	100	30,000	全収穫	田起・田植・草取・稲刈・脱穀	85㎡(2.4万円)

Ⅳ　就農・交流型

府県・地区	開始年	口数	面積(㎡)	会費(円)	保証(kg)	体験・作業の内容	備　　考
★熊本・矢部町菅	1996	14	100	35,000	全収穫	田起・種蒔・代掻・田植・草刈(４回) 稲刈・脱穀	80㎡(2.5万円)－ 250㎡(８万円)
★京都・大江町毛原	1998	5	600	50,000	全収穫	田づくり(３回)・田植・草刈(３回) 稲刈・脱穀・電柵(３回)	

Ⅴ　保全・支援型

府県・地区	開始年	口数	面積(㎡)	会費(円)	保証(kg)	備　　考
★長野・更埴市姨捨	1998	5	なし	30,000	白米20.0	
★三重・紀和町丸山	1999	47	なし	10,000	白米1.5	
★奈良・明日香村稲渕	1999	10	なし	30,000	白米30.0	
★山形・山辺町大蕨	2000	7	なし	25,000	白米30.0	
★島根・柿木村大井谷	2000	54	なし	10,000	白米5.0	
★千葉・鴨川市平塚	2002	33	100	30,000	全収穫配分	
静岡・松崎町石部	2002	49	なし	10,000	白米5.0	

★棚田百選地

図１　棚田オーナー制の実施地区

のある市町村の関係者がそれを学習し地元に持ち帰って立上げていったものと思われる。

図1からわかるように、地域的には富山・岐阜・愛知以西の西南日本において全地区数の七二％を占め、ことに近畿地方で卓越がみられる。これは、棚田自体と棚田百選に認定され、都市住民に関心のもたれる棚田(3)、たとえば三重県紀和町丸山、奈良県明日香村稲渕、大阪府能勢町長谷、福岡県浮羽町葛籠のような棚田が西南日本に多いことによるものと考えられる。

棚田オーナー制度の意義と仕組み

棚田オーナー制度は、都市住民が農村の自然や農業の営みを評価し会費を払って市民農園として棚田を借り受け、基本的には農業体験を行うものである。その意義は、このような都市農村交流によって地域を活性化させ、棚田の保全を図ることにある。

しかし、都市住民が農地を借りることは、それほど簡単なことではない。第二次大戦後に生まれた農地法では、戦前の小作制度が復活しないように農地の売買や就農について厳しい条件が設けられているからである。たとえば、農業体験も含めて就農が認められるのは三〇あるいは五〇アール以上の農地を耕作し、そのための農機具類を所有して、これらが使える技能を備え経験を積んでいなければならない。棚田オーナー制度では、これらの制約を克服するために農地法の特定農地貸付けに関する特例（面積一〇アール未満、営利を目的としないなどを条件にしている）を用いて、行政が地権者から農地を借り受け、オーナーに一年間の契約で市民農園として貸付けることにより、農業体験ができる道を開いたのである。

具体的には、都市住民のオーナーは一定額の会費を払い、小面積の棚田を借りうけて、地権者や地元の棚田保存会の会員などの指導を受けて農業体験を行い、借りうけた棚田の全収穫物、あるいは前もって保証された一定量の玄米または白米を手にすることができる。一方、地元農民からみると、オーナーの来訪によってもたらされる精神的活性化、オーナーの労力提供や会費から支払われる地代、指導料として支払われる日当などによってもたらされる経済的活性化（労力・収入）、さらに広く地域にもたらされる経済的効果を通しての地域活性化などの恩恵を受けることになる。これらの活力によって、棚田の保全を図ろうとするのが棚田オーナー制度の趣旨である。

棚田オーナー制度の諸類型とその評価

オーナー制度は、前述したように都市農村交流を基底にしている。それゆえ、都市住民のオーナーが農村に農業体験または作業のために、来訪する回数が多ければ多いほど、地元は活性化されることになる。そこで、来訪の回数に重きをおき、口数・面積・会費・特典の内容などとの組合せによりオーナー制度を整理すると、表1に示すような農業体験・交流型、農業体験・飯米確保型、作業参加・交流型、就農・交流型、保全支援型の五つの類型に分けることができる。そこで、諸類型についてそれぞれの特徴と保全の観点からみた評価を述べることにする。

(1) 農業体験・交流型

棚田オーナー制度のなかでは最も基本的な類型であり、二〇〇二年現在新潟県大島村を初めとして全国三二市町村でみられる。農業体験に重きがおかれ、来訪は二～三回で田植と稲刈の二回が多いが、草取か草刈のいずれかを行い三回の場合もみられる。口数は、一～一一三口と大きな開きがみられ、一〇口以下の一一市町村では本格的な取組みに入る準備段階にあるともいえる。

面積は、オーナーの各組に区画されて割当てられている場合、猪名川町など三市町の五〇㎡、大島町など五市町村の二五～二五三㎡をのぞけば一〇〇㎡である。農業体験としては、一〇〇㎡をこえると一家で作業を行う場合でも負担に感じられるので妥当な面積といえる。一方、大豊町など七市町村のように面積の割当てがない場合は区画のない棚田に数組のオーナーを配分して農業体験を行わせている。

会費は一口（一〇〇㎡または割当面積なし）当たり一～四万円、特典は一口当たり白米に換算して一五～六〇キロが保証されている。この違いは、前者は来訪が前提となっていないためであり、オーナーとができるようになっている。割当てられた区画について自らが収穫したものを持ち帰ることができるようになっているか、田の管理は地権者や保存会に依存する度合いが高くなる。これに対して、後者は来訪して農業体験を行うことが前提となっており、ある程度の作業が義務づけられている。

評価は、紀和町の千枚田保存会メンバー三二名がえる労賃最高一八〇万円、平均二〇万円（一九九七年）、能勢町のみくさ山棚田府民農園管理組合に参加する一二戸がえる一戸平均二七万円（二〇〇一年）、猪名川町の柏原棚田王国を結成する二戸の農家が受取る一戸平均七〇万円（二〇〇一年）の場合は経済的（収入）活性化がもたらされている。しかし、耕作放棄地などを利用して保存会などの組織・団体がオーナーを受入れる地区では、オーナーの指導、維持管理作業の日当として一人当たり数万円のところが多く、地権者が受入れる地区でも、一口（一〇〇㎡）当たり一・五～四万円であっても、数組の受入れにすぎず経済的活性化をもたらすには至っていない。とくに、口数が一〇口以下の地区では精神的活性化に止まっているところが多い。

（2）農業体験・飯米確保型

新潟県頸城地方に発達している特殊な形態のオーナー制度であり、松之山町（現十日町市）など三市町村でみられ、グリーンリース事業ともよばれている。田植・草刈・稲刈など二～三回の農業体験は行うが、体験よりむしろ一家の飯米を確保することが主たる目的となっている。このことは、面積が五市町村とも五〇〇㎡であり、体験をするには大きすぎることからもいえる。会費は一口（五〇〇㎡）当たり八・五～九万円、特典は一口当たり玄米一八〇キロが保証されている。オーナー制によって白米換算一六二キロをえることは、一九九九年の国民一人当たりの白米年間消費量六五・一キロ（農林水産省　食料需給表による）からすると、二～二・五人分になり、二人家族であれば十分に賄うことができる量である。

評価は、地権者である農家が一切を管理して会費を受取っているため、一〇アール当たり二口（五〇〇㎡×二口）のオーナーを受入れれば、玄米三六〇キロを提供するかわりに、一七万～一八万円をえることになる。これは、玄米六〇キロを二・八～三万円で販売したことになり、普通に米をつくり販売するよりもかなり有利である。そのうえ、一〇アール当たり三六〇キロ以上の収量をあげることができれば、さらに収入の上乗せになり、経済的活性化がもたらされているといえる。

（3）作業参加・交流型

来訪の回数や作業の種類が増え、農業体験から一歩進んだ類型であり、梼原町をはじめとして一一市町村、一二か所で実施されている。来訪は、作業の田起・田植・草取・草刈・稲刈・脱穀などの作業に四回以上、イベントを加えれば明日香村のように一〇回に及ぶところもみられる。

面積は一口当たり一〇〇㎡で、各組に区画された棚田が用意されている。会費は一口（一〇〇㎡）当たり一・五万〜五万円、特典は白米が三〇〜四〇㌔が保証されるか、作業が前提であるため割当てられた区画の作業に参加して、自らが収穫したものをすべて持ち帰るこができることになっている。

口数は、五〜一三六口、なかでも五〇口以上の更埴市（現千曲市）・明日香村・鴨川市は代表的な事例地区である。これらの地区は、オーナー制度発祥の地である椿原町とともに特色ある取組みがみられる。たとえば、椿原町は大都市から離れた遠隔地にあるため、農家の一角を改造したカントリーハウス（農家民宿）を準備して、宿泊をともなう作業体験を構想したグリーン・ツーリズム型のオーナー制を立ち上げている。明日香村では棚田の休耕地が利用されて棚田ハウスとよばれるビニールハウスや竹葺きの休屋などの交流の場が設けられており、オーナー同志やオーナーと地元民との交流が活発である。また、鴨川市では高齢化した地権者をサポートする旧村の地域住民が保存会の中心メンバーとなり、オーナー受入れの核となる役割を担っている。

評価は、農業体験というより作業参加が前提になっているため、全地区において経済的活性化（労力）がもたらされている。ことに、リピーターの多い地区では作業の習得が行われ、有効的な労力支援になっている。鴨川市では保存会のメンバーのうち地権者八名は最高五三万円、平均二三・五万円、支援住民六五名は最高四二万円、六名が一〇万円以上の地代・労賃（二〇〇一年）を受取り、明日香村では保存会（棚田ルネッサンス委員会）のメンバー三三名が平均一一万円、役員は一五〜二〇万円（二〇〇一年）の手当をえている。さらに、前者では耕作放棄地を活用したトラスト制度の強化、一・三万人をこえる来訪者を対象にした棚田カレンダーの制作・販売などの事業拡大により、後者では棚田のほか畑・酒づくり・いも掘り、土つき野菜オーナーなどの多様なオーナー制度の展開により地域に経済的効果がもたらされている。したがって両地区では経済的活性化（収入）とともに地域活性化が図られている。

（4）就農・交流型

来訪頻度が最も高い類型であり、矢部町、大江町の二町でみられる。面積は一口当たり八〇〜六〇〇㎡であるが、矢部町の場合大部分が一〇〇〜二五〇㎡、大江町はすべて六〇〇㎡である。来訪は、田起・種蒔・代掻・田植・草刈（三〜四回）・稲刈・脱穀・電柵の維持作業（三回）のために両地区とも一〇回以上に及んでいる。

会費は、二・五〜八万円、一〇〇㎡当たり矢部町が三・二万円、大江町が八三三三円、口数は前者が一四口、後者が五口である。作業は、面積が大きいこともあり、所有する農機具を利用するか、指導に当たる農家から耕耘機や歩行型の田植機・バインダーなどを借りて行われる。オーナーが矢部町では畦豆をつくり、大江町では特別負担金として電柵代を払い自ら工事に従事するなど本格的な就農に近いといえる。

評価は、口数が少ないため収入を増やすことにはなっていないが、水管理のほかはほとんどの作業がオーナー自身によって行われており、労力のうえからの経済的活性化がもたらされている。

（5）保全・支援型

申し出れば農業体験も可能であるが、基本的には金銭的支援に止まる初歩的な段階にある類型である。オーナー制度の先進地である更埴市（現千曲市）、紀和町（現熊野市）、明日香村などの七市町村で他の類型のオーナー制度と並行して実施されている。会費は一口当たり一～三万円、特典として白米一・五～三〇キロが保証され、口数は五～五四口である。なかでも鴨川市はトラストにより一〇〇万円近くを集め保存会の貴重な財源になっている。

評価は、地元の負担が少なく、すべての地区で経済的活性化（収入）がもたらされている。

オーナー制度による棚田保全の課題

第一にオーナー制度が実施されている全地区では、少なくとも精神的活性化が図られているが、より積極的に棚田の保全を図るには一部の地区で達成されている経済的活性化や地域活性化をもたらすまでに発展させる必要がある。

第二に経済的活性化（収入）を達成するためには、地権者が受入れる場合は一戸当たり一〇口以上、組織が受入れる場合は構成員が収入として実感できる労賃をえるには五〇口以上のオーナーが必要である。

第三にオーナー制度の会費のみにて、棚田の保全活動の自立を図る必要がある。口数の少ない地区ではほとんど自立が図られているが、たとえば紀和町（現熊野市）では保存会を組織する地元民に経済的恩恵を与えているものの、オーナー田の維持管理の労賃は会費で賄うことができず、六〇％以上が町によって補填されている。

第四にオーナーを受入れる組織の構成員である地元民が高齢化しているため、その後継者を育成することが必要である。各地区における組織構成員の平均年齢は、たとえば鴨川市の大山千枚田保存会六五歳、更埴市（現千曲市）の名月会七二歳、明日香村の棚田ルネッサンス委員会六四歳、能勢町のみくさ山棚田府民農園管理組合六三歳、猪名川町棚田王国六五歳である。今後オーナー制度を継続し、発展させるためには地元組織の担い手確保が最も重要な問題になるものと考えられる。

注

（1）農林水産省構造改善局計画部地域計画課（一九八八）：わが国の農地の現況―第三次土地利用基盤整備基本調査の付属資料・水田整備量調査による。

（2）民俗学者神田三亀男が広島県北部で集録した「小さな等高線型の棚田」を表現したことば。

（3）全国の棚田の約三分の二に当たる一四・五万ヘクタールと棚田百選の七八％にあたる一〇五か所が西南日本にある。

参考文献

（1）高知県梼原町（一九九五）『第一回全国棚田サミット事後報告書』一〇四頁

（2）司馬遼太郎（一九八六）『街道をゆく　二七―因幡伯耆のみち、梼原街道』朝日新聞社　三八四頁

（3）中島峰広（一九九九）『日本の棚田』古今書院　二三七頁
（4）農林水産省農村振興局（二〇〇一）「平成一二年度中山間地域等直接支払制度の実施状況」一二〇頁
（5）原　剛（一九九四）『日本の農業』岩波新書　一九九頁
（6）山崎光博・小山善彦・大島順子（一九九三）『グリーン・ツーリズム』家の光協会、二一二頁
（7）山路永司（二〇〇一）「傾斜地における農地基盤の整備水準とその保全の方向」農業土木学会誌　七〇巻　三号　二二九—二三二頁

地理科学　第五八巻　第三号　二〇〇三年七月　掲載

2　棚田オーナー制度の発展・類型と評価

はじめに

近年、日本の農山村、ことに過疎・高齢化の著しい中山間の活力を失っている地域で、導入が図られている取組みの一つが都市農村交流である。都市農村交流は、都市と農村が交流を図り、農業・農村の理解を深め、活力ある地域社会の形成に資することとされているが、交流は主として都市住民が農村の豊かな自然を評価して来訪することにより実現している。このような都市農村交流のなかで、棚田のある中山間地域で最も活発に展開されているのが棚田オーナー制度である。

棚田オーナー制度の意義と仕組み

棚田オーナー制度は、都市住民が農村の自然や農業の営みを評価し、会費（使用料）を払って市民農園として棚田を借り受け、基本的には農業体験を行うものである。その意義は、このような都市農村交流によって地域を活性化させ、棚田の保全を図ることにある。

しかし、都市住民が農地を借りることは、それほど簡単なことではない。第二次大戦後生まれた農地法では、戦前の小作制度が復活しないように農地の売買や借地・就農について厳しい条件が設けられているからである。たとえば、農業体験を含めて就農が認められるのは三〇アールあるいは五〇アール以上の農地を耕作し、そのための農機具類を所有して、これらが使える技能を備え経験を積んでいなければならない。棚田オーナー制度は、これらの制約を克服するために農地法の「特定農地貸付けに関する特例」（面積一〇アール未満、営利を目的としないことを条件にしている）を用いて農業体験の道をひらき、行政や農協が地権者から農地を借り受け、オーナーに一年間の契約で市民農園として貸付けることにより可能になった。

具体的には、都市住民のオーナーは一定額の会費を払い、小面積の棚田を借り、地権者や地元の棚田保存会の会員などの指導をうけて農業体験を行い、豊かな自然に癒されるとともに借りうけた棚田の全収穫物、あるいは前もって保証された一定量の玄米または白米を手にすることができる。一方地元農民からみると、オーナーの来訪による賑わいがもたらす精神的な高揚、オーナーの労力提供や会費から支払われる地代、指導料としての日当などの報酬、さらに広く地域にもたらされる経済的効果を通しての地域活性化などの恩恵を受けることになるのである。

棚田オーナー制度の発展

表は、筆者が一九九五年以来、現地調査、あるいは電話による聞取り調査によって収集してきた全国における棚田オーナー制度の一覧である。(1)表に示す第五類型の保全・支援型は都市住民が農地を借りていないのでオーナー制度とはいえない。しかし、当事者は農地を借りているが、作業に参加することができないので、地元農家に作業委託しているという意識があり、トラスト制度ともよばれている。また、作業に参加することが義務ではないが、その意志があれば農業体験も可能なため、実質的にはオーナー制度と変わるところがないので同列に扱い取り上げることにした。

まず、表からわかるように棚田オーナー制度は一九九二年に高知県檮原町と新潟県小国町(現長岡市)で始まっている。これは、前述したように農地法の「特定農地貸付に関する特例」が実施されたことによるものである。両者は、都市住民の農地の関わり方に関して違いがみられ、前者の檮原町は関わりが強く、都市住民との交流を重視し、体験をこえた作業参加が期待されたのに対して、後者の小国町は関わりが弱く、都市住民の体験や交流よりも米の販売に重きが置かれ、オーナー制度というよりグリーンリース事業という用語が用いられた。

その後、オーナー制度は着実に発展、二〇〇七年現在全国八六地区(2)で取組みが実施されている。この間、山形県山辺町大蕨、兵庫県香美町貫田、鹿児島県いちき串木野市荒川などのように、数地区が市町村合併の混乱や受入れる地権者の高齢化などで中止されたところもあるが、毎年五地区前

表　類型別棚田オーナー制度（2007 年）

1　農業体験・交流型

★印　棚田百選地

府県・地区	開始年	口数	面積(㎡)	会費(円)	特典(kg)	体験・作業の内容	備　考
新潟・上越市大島区田麦	1995	27	200	32,000	白米60.0	田植・稲刈	年 4 回発送
★長野・中条村御山里	1996	12	100	23,000	白米45.0	田植・稲刈	中条たんぼの会太田・大西地区
★三重・熊野市丸山	1996	111	100	30,000	白米15.0	田植・稲刈	野菜付き
兵庫・養父市加保	1997	24	50	20,000	全収穫	田植・草刈・稲刈	25㎡（1 万円）—70㎡(2.8万円)
兵庫・猪名川町柏原	1997	30	50	20,000	玄米20.0	田植・稲刈・脱穀	柏原棚田王国
★佐賀・西有田町岳	1997	2	100	28,000	全収穫	田植・稲刈	
新潟・上越市吉川区坪野	1998	12	100	30,000	玄米60.0	田植・稲刈	白米54kg
★大阪・能勢町長谷	1998	150	100	35,000	玄米30.0	田植・稲刈	共同圃場
★福岡・うきは市葛籠	1998	71	100	40,000	白米30.0	田植・稲刈	山の幸・果物付き　共同圃場
★富山・氷見市長坂	1999	44	100	30,000	玄米40.0	田植・稲刈	農産加工品付き
石川・七尾市藤瀬	1999	10	Aタイプ	13,000	白米30.0	田植・稲刈	75—100㎡
			Bタイプ	25,000	白米60.0	田植・稲刈	150—200㎡
★島根・古賀町大井谷	1999	28	100	36,000	全収穫	田植・草刈・稲刈	80㎡(3.3万円)—230㎡(5.5万円)
岡山・西粟倉村中土居	1999	4	100	28,000	全収穫	田植・稲刈・脱穀	湯の里米づくり委員会
福岡・添田町津野	1999	7	共同利用	30,000	玄米30.0	田植・草取・稲刈	田ごしらえ体験大人1,500円
新潟・長岡市大積折渡	2000	9	50	20,000	白米30.0	田植・稲刈	
兵庫・三田市上槻瀬	2000	10	100	30,000	玄米30.0	田植・草刈・稲刈	
★兵庫・佐用町乙大木谷	2000	17	100	30,000	玄米40.0	田植・稲刈	
★鳥取・岩美町横尾	2000	25	100	35,000	白米30.0	田植・稲刈	
★鳥取・若桜町峯米	2000	1	100	30,000	白米20.0	田植・稲刈	特産品つき
熊本・芦北町告	2000	15	100	30,000	玄米30.0	田植・草刈・稲刈	
★大分・中津市羽高	2000	18	50	15,000	玄米16.0	田植・稲刈	
大分・豊後高田市小崎	2000	138	100	30,000	白米30.0	田植・稲刈	野菜つき
★長野・上田市岩清水	2001	29	100	30,000	玄米30.0	田植・稲刈	
兵庫・養父市東鉢伏	2001	2	100	35,000	白米30.0	田植・草刈・稲刈	
大分・佐伯市柳瀬	2001	24	なし	10,000	玄米30.0	田植・稲刈の体験	
静岡・松崎町石部	2002	96	100	35,000	白米20.0	田植・稲刈	
兵庫・香美町大笹	2002	3	100	35,000	全収穫	田植・草刈・稲刈	じねんじょオーナーも会費に含む
★宮崎・日南市坂元	2002	30	100	35,000	白米30.0	田植・草取・稲刈	
栃木・矢板市平野	2003	22	共同利用	23,000	玄米30.0	田植・草刈・稲刈	
山梨・増穂村平林	2003	17	100	23,000	全収穫	田植・草取・稲刈	
兵庫・丹波市稲土	2003	20	100	30,000	玄米30.0	田植・稲刈	
和歌山・海南市海老谷	2003	20	100	30,000	玄米40.0	田植・稲刈・脱穀	
千葉・鴨川市山人	2004	42	共同利用	40,000	白米60.0	田植・稲刈	
和歌山・美里町毛原中	2004	7	100	20,000	玄米30.0	田植・稲刈	
★徳島・上勝町樫原	2004	13	100	50,000	全収穫	田植・稲刈	
千葉・鴨川市畑	2005	28	共同利用	30,000	全収穫配分	田植・稲刈	
群馬・川場村富士山	2005	18	100	30,000	白米30.0	田植・草刈・稲刈	
石川・羽咋市神子原	2005	20	共同利用	30,000	玄米40.0	田植・稲刈	
★岐阜・八百津町上代田	2005	24	100	30,000	白米30.0	田植・稲刈	
富山・富山市八尾町河西	2006	8	100	30,000	玄米30.0	田植・稲刈	
富山・上市町種	2006	10	50	20,000	玄米30.0	田植・稲刈	
福井・高浜町今寺	2006	5	100	20,000	全収穫	田植・稲刈	
★岐阜・恵那市坂折	2006	31	100	30,000	白米30.0	田植・草取・稲刈	
鹿児島・鹿児島市八重	2007	8	250	25,000	全収穫	田植・草刈・稲刈	

II　農業体験・飯米確保型

府県・地区	開始年	口数	面積(㎡)	会費(円)	特典(kg)	棚・作業の内容	備　考
新潟・長岡市山野田・	1992	37	500	90,000	玄米180	田植・稲刈	農業体験重視していない
法末・三桶など		40	300	60,000	玄米120	田植・稲刈	
新潟・十日町市湯山	1993	23	500	90,000	玄米180	田植・草刈・稲刈	
新潟・上越市安塚区細野	1994	14	500	90,000	玄米180	田植・稲刈	
新潟・上越市安塚区朴木	1995	13	500	90,000	玄米180	田植・稲刈	
新潟・十日町市浦田	1998	3	500	90,000	玄米180	田植・稲刈	
新潟・栃尾市北荷頃	2002	21	300	60,000	玄米120	田植・稲刈	

Ⅲ　作業参加・交流型

府県・地区	開始年	口数	面積(㎡)	会費(円)	特典(kg)	体験・作業の内容	備　　考
★高知・梼原町神在居	1992	17	100	40,010	全収穫	田起・田植・草取・草刈・稲刈・脱穀	会費は四万十川に因む
★長野・千曲市姨捨	1996	67	100	30,000	全収穫	田植・草刈・稲刈・脱穀	
★奈良・明日香村稲渕	1996	78	100	40,000	全収穫	田起・田植・草刈(2回)・稲刈・脱穀	
★兵庫・多可町岩座神	1997	11	100	50,000	全収穫	田植・草取・草刈・稲刈・脱穀	
群馬・月夜野町真択	1998	30	40	16,000	全収穫	田植・草刈・稲刈・脱穀	
兵庫・多可町轟	1998	6	100	40,000	全収穫	田植・草取・草刈・稲刈・脱穀	
兵庫・多可町西山	1998	7	100	40,000	全収穫	田植・草取・草刈・稲刈・脱穀	
島根・邑南町上田	1999	21	100	39,000	全収穫	田植・草刈(2回)・稲刈・脱穀	会費はサンキューに因む
★千葉・鴨川市平塚	2000	135	100	30,000	全収穫	田植・草刈(3回)・稲刈・脱穀	50㎡ (1.5万円)
埼玉・横瀬町寺坂	2000	10	100	10,000	全収穫	田起・田植・草刈(2回)・稲刈・脱穀	寺坂学校 50組
★滋賀・高島市畑	2000	80	100	30,000	白米40.0	田植・草刈と施肥(同日実施2回)・稲刈	おまかせ、こだわり
京都・舞鶴市西方寺平	2000	3	100	40,000	全収穫	田植・草取・草刈・稲刈	
★栃木・茂木町石畑	2002	59	100	30,000	全収離分	田植・草刈・稲刈・脱穀	入郷棚田保全協議会
山口・山口市三谷	2002	31	100	32,000	白米30.0	田植・草刈・稲刈・脱穀	80㎡ (2.76万円)
山口・周南市中須	2002	15	100	30,000	全収穫	田起・田植・草取・稲刈・脱穀	85㎡ (2.4万円)
★長崎・長崎市下大中尾	2002	31	共同利用	30,000	白米30.0	田植・草刈・稲刈・脱穀	
新潟・十日町市室野	2003	38	100	35,000	白米20.0	田植・草刈(2回)・稲刈	
		32	25	10,000	白米10.0	田植・草刈(2回)・稲刈	
栃木・茂木町竹原	2004	24	100	35,000	全収穫	田植・草刈(3回)・稲刈・脱穀	
千葉・鴨川市川代	2004	53	100	30,000	全収穫	田植・草刈(3回)・稲刈・脱穀	
千葉・鴨川市南小町	2004	30	100	30,000	全収穫	田植・草刈(3回)・稲刈・脱穀	
愛媛・内子町泉谷	2004	16	100	15,000	全収穫	田起・田植・草刈・稲刈	
千葉・鴨川市二子	2006	22	100	30,000	全収穫	田植・草刈(3回)・稲刈	
長野・小谷村伊織	2006	11	100	25,000	全収穫	田植・草刈・稲刈・脱穀	
長野・小谷村池原	2006	6	100	25,000	全収穫	田植・草刈・稲刈・脱穀	
長野・小谷村中谷	2006	16	100	25,000	全収穫	田植・草刈・稲刈・脱穀	
高知・梼原町四万川	2006	10	200	60,000	全収穫	田起・田植・草刈・稲刈・脱穀	合鴨農法
長野・小谷村平間	2007	4	100	25,000	全収穫	田植・草刈・稲刈・脱穀	
長野・小谷村川内	2007	2	100	25,000	全収穫	田植・草刈・稲刈・脱穀	
栃木・茂木町山内	2007	19	100	30,000	全収穫	畦塗・田植・草刈(2回)・稲刈。脱穀	
★石川・輪島市白米	2007	44	100	20,000	白米10.0	田起・畦塗・田植・草刈(3回)・稲刈	

Ⅳ　就農・交流型

府県・地区	開始年	口数	面積(㎡)	会費(円)	特典(kg)	体験・作業の内容
★熊本・山都町菅	1996	15	100	35,000	全収穫	田起・種蒔・代掻・田植・草刈(4回)・稲刈・脱穀
★京都・福知山市毛原	1998	5	600	50,000	全収穫	田づくり(3回)・田植・草刈(3回)・稲刈・脱穀・電柵(3回)
三重・いなべ市川原	2002	23	共同利用	30,000	全収穫配分	田づくり・田植。草刈・稲刈・脱穀などすべの作業

Ⅴ　保全・支援型

府県・地区	開始年	口数	面積(㎡)	会費(円)	特典(kg)	備　　考
★鹿児島・湧水町幸田	1997	9	なし	15,000	白米30.0	田植・稲刈の体験
★長野・千曲市姨捨	1998	13	なし	30,000	白米20.0	
京都・伊根町新井	1998	65	なし	10,000	白米 5.0	田植・草刈・稲刈の体験　伊根と新井の千枚田を愛する会
★三重・熊野市丸山	1999	63	なし	10,000	白米 1.5	
★奈良・明日香村稲渕	1999	9	なし	30,000	白米30.0	
★島根・吉賀町大井谷	2000	21	なし	10,000	白米 5.0	
高知・南国市上倉	2000	12	なし	8,000	玄米15.0	田植・草刈・稲刈の体験
★千葉・鴨川市平塚	2002	65	なし	30,000	全収穫配分	
★佐賀・西有田町岳	2002	3	なし	9,230	白米 8.0	会費は国見岳に因む
静岡・松崎町石部	2002	44	なし	10,000	白米 5.0	

表　2014 年棚田オーナー制

1 農業体験・交流型

府県	地　区	開始年	口数	面積(㎡)	会費(円)	特典(kg)	体験・作業の内容	備　考
新潟	上越市大島区田麦	1995	25	200	32,000	白米 60.0	田植・稲刈	年 4 回発送
長野	中条村御山里	1996	20	100	22,000	白米 45.0	田植・稲刈	中条田んぼの会　太田・大西地区
三重	熊野市丸山	1996	131	100	30,000	白米 15.0	田植・稲刈	畔そり・畦塗の体験あり、野菜つき
兵庫	養父市加保	1997	8	50	20,000	全収穫	田植・草刈・稲刈	25㎡（1 万円）～70㎡（2.8 万円）
新潟	上越市吉川区坪野	1998	13	100	30,000	玄米 60.0	田植・稲刈	白米 54kg
大阪	能勢町長谷	1998	110	100	35,000	玄米 30.0	田植・稲刈	共同圃場
福岡	うきは市葛籠	1998	113	100	37,000	白米 30.0	田植・稲刈	山の幸・果物つき　共同圃場
富山	氷見市長坂	1999	28	100	30,000	玄米 40.0	田植・稲刈	農産物加工品つき
島根	吉賀町大井谷	1999	20	100	36,000	全収穫	田植・草刈・稲刈	80㎡（3.3 万円）～230㎡（5.5 万円）
岡山	西粟倉村中土居	1999	9	100	28,000	全収穫	田植・稲刈・脱穀	湯の里米づくり委員会
兵庫	佐用町乙大木谷	2000	9	100	30,000	玄米 40.0	田植・草刈・稲刈	
鳥取	岩美町横尾	2000	21	100	30,000	白米 30.0	田植・稲刈	
鳥取	若桜町舂米	2000	1	100	30,000	白米 20.0	田植・稲刈	特産品つき
熊本	芦北町告	2000	28	100	30,000	玄米 30.0	田植・草刈・稲刈	
大分	中津市羽高	2000	13	50	15,000	玄米 16.0	田植・稲刈	
大分	豊後高田市小崎	2000	163	100	30,000	白米 30.0	田植・稲刈	野菜つき
福井	福井市高須	2001	20	100	30,000	玄米 40.0	田植・草刈・稲刈	
静岡	松崎町石部	2002	94	100	35,000	白米 20.0	田植・稲刈	
宮崎	日南市坂元	2002	25	100	35,000	白米 30.0	田植・草取・稲刈	
栃木	矢板市平野	2003	22	共同利用	23,000	玄米 30.0	田植・草刈・稲刈	
山梨	富士川町平林	2003	20	100	23,000	全収穫	田植・草取・稲刈	
兵庫	丹波市稲土	2003	23	100	30,000	玄米 30.0	田植・稲刈	
和歌山	海南市海老谷	2003	7	100	30,000	玄米 40.0	田植・稲刈・脱穀	
福井	高浜町今寺	2004	15	100	20,000	全収穫	田植・稲刈	
徳島	上勝町樫原	2004	8	100	50,000	全収穫	田植・稲刈	
群馬	川場村富士山	2005	26	100	30,000	白米 30.0	田植・草刈・稲刈	
千葉	鴨川市畑	2005	20	共同利用	30,000	全収穫配分	田植・稲刈	
富山	南砺市相倉	2005	5	100	20,000	玄米 30.0	田植・稲刈	
岐阜	八百津町上代田	2005	19	100	30,000	白米 30.0	田植・稲刈	北山・赤薙
鹿児島	さつま町寺元	2005	11	共同利用	15,000	籾　35.0	田植・稲刈・脱穀	
千葉	鴨川市二子	2006	26	100	30,000	全収穫	田植・稲刈・脱穀	
富山	上市町西種	2006	15	50	20,000	玄米 30.0	田植・稲刈	
富山	富山市八尾町河西	2006	6	100	30,000	玄米 30.0	田植・稲刈	
長野	上田市岩清水	2006	24	100	30,000	玄米 30.0	田植・稲刈	
岐阜	恵那市坂折	2006	78	100	30,000	玄米 30.0	田植・草取・稲刈	
鹿児島	鹿児島市八重	2007	30	共同利用	7,000	全収穫配分	田植・草刈・稲刈	20a
新潟	佐渡市小倉	2008	63	100	30,000	玄米 60.0	田植・草刈・稲刈	
大分	別府市内成	2008	1	100	25,000	白米 30.0	田植・稲刈	
山口	周南市小畑	2009	5	共同利用	30,000	全収穫配分	田植・稲刈	
秋田	横手市大森	2010	5	共同利用	10,000	玄米 20.0	田植・稲刈・脱穀	
秋田	藤里町横倉	2011	18	共同利用	9,000	白米 10.0	田植・草刈・稲刈	
静岡	菊川市上倉沢	2011	48	共同利用	35,000	白米 10,0	田植・稲刈	新茶 500 g つき
長崎	平戸市根獅子	2011	20	共同利用	10,000	白米 20.0	田植・稲刈	酒オーナー（1 万円）30 組
秋田	五城目町内川	2012	19	共同利用	10,000	玄米 30.0	田植・稲刈・脱穀	
秋田	男鹿市安全寺	2014	30	共同利用	10,000	玄米 30.0	田植・稲刈	会費 3,500 円　玄米 10.0kg

2　飯米確保・交流型

府県	地区	開始年	口数	面積(㎡)	会費(円)	特典(kg)	体験・作業の内容	備　考
新潟	長岡市法末	1992	80	500	90,000	玄米 180	田植・稲刈	300㎡（30,000 円）
新潟	十日町市湯山	1993	22	500	90,000	玄米 180	田植・草刈・稲刈	
新潟	上越市安塚区細野	1994	14	500	90,000	玄米 180	田植・稲刈	
新潟	上越市安塚区朴木	1995	10	500	90,000	玄米 180	田植・稲刈	
千葉	鴨川市南小町	2004	4	共同利用	40,000	玄米 60	田植・稲刈	
千葉	鴨川市山入	2004	12	共同利用	40,000	玄米 60	田植・稲刈	

3　作業参加・交流型

府県	地区	開始年	口数	面積(㎡)	会費（円）	特典（kg）	体験・作業の内容	備　考
高知	檮原町神在居	1992	11	100	40,010	全収穫	田起・田植・草取・草刈・稲刈・脱穀	会費は四万十川に因む
長野	千曲市姨捨	1996	70	100	30,000	全収穫	田植・草刈・稲刈・脱穀	
奈良	明日香村稲渕	1996	49	100	40,000	全収穫	田起・田植・草刈（２回）・稲刈・脱穀	
兵庫	多可町岩座神	1997	15	100	50,000	全収穫	田植・草刈・稲刈・脱穀	
佐賀	有田町岳	1997	6	100	28,000	全収穫	田植・草刈・稲刈・脱穀	
群馬	月夜野町真沢	1998	23	40	16,000	全収穫	田植・草刈・稲刈・脱穀	
兵庫	多可町轟	1998	2	100	40,000	全収穫	田植・草取・草刈・稲刈・脱穀	
島根	邑南町上田	1999	14	100	39,000	全収穫	田植・草刈（２回）・稲刈・脱穀	会費はサンキューに因む
千葉	鴨川市平塚	2000	134	100	30,000	全収穫	田植・草刈（３回）・稲刈・脱穀	50㎡（1.5 万円）
滋賀	高島市畑	2000	55	100	30,000	白米 40.0	田植・草刈と施肥（２回）・稲刈	おまかせ・こだわりコース
京都	舞鶴市西方寺平	2000	3	100	40,000	全収穫	田植・草取・草刈・稲刈	
栃木	茂木町石畑	2002	52	100	30,000	全収穫配分	田植・草刈・稲刈・脱穀	
山口	山口市三谷	2002	27	100	32,000	白米 30.0	田植・草刈・稲刈・脱穀	80㎡（2.76 万円）
山口	周南市中須	2002	12	100	30,000	全収穫	田起・田植・草取・稲刈・脱穀	85㎡（2.4 万円）
長崎	長崎市下大中尾	2002	41	共同利用	30,000	白米 30.0	田植・草刈・稲刈・脱穀	
新潟	十日町市室野	2003	61	100	35,000	玄米 30.0	田植・草刈（２回）・稲刈・	
栃木	茂木町竹原	2004	29	100	35,000	全収穫	畦塗・草刈（２回）・稲刈・脱穀	
千葉	鴨川市川代	2004	25	100	30,000	全収穫	田植・草刈（３回）・稲刈・脱穀	
千葉	鴨川市南小町	2004	29	100	30,000	全収穫	田植・草刈（３回）・稲刈・脱穀	
千葉	鴨川市山入	2004	23	100	30,000	全収穫	田植・草刈（３回）・稲刈・脱穀	
愛媛	内子町泉谷	2004	12	100	15,000	全収穫	田起・田植・草刈・稲刈	
長野	小谷村伊折	2006	15	100	25,000	全収穫	田植・草刈・稲刈・脱穀	
長野	小谷村池原	2006	7	100	25,000	全収穫	田植・草刈・稲刈・脱穀	
長野	小谷村中谷	2006	21	100	25,000	全収穫	田植・草刈・稲刈・脱穀	
高知	檮原町四万川	2006	3	200	60,000	全収穫	田起・田植・草刈・稲刈・脱穀	合鴨農法
栃木	茂木町山内	2007	27	100	30,000	全収穫	畦塗・田植・草刈（２回）・稲刈・脱穀	
石川	輪島市白米	2007	116	100	20,000	白米 10.0	田起・畦塗・田植・草刈（３回）・稲刈	
長野	小谷村平間	2007	10	100	25,000	全収穫	田植・草刈・稲刈・脱穀	
長野	小谷村川内	2007	3	100	25,000	全収穫	田植・草刈・稲刈・脱穀	
千葉	鴨川市釜沼北	2008	23	100	30,000	全収穫	田植・草刈（３回）・稲刈・脱穀	
新潟	長岡市木沢	2008	8	100	40,000	全収穫	田植・草刈（３回）・稲刈・脱穀	
福島	柳津町久保田	2009	17	共同利用	30,000	玄米 30.0	畦塗・田植・草刈・稲刈	
福島	喜多方市揚津	2010	14	共同利用	30,000	玄米 30.0	田植・草取（２回）・稲刈	
高知	津野町貝の川	2012	14	100	25,000	全収穫	田起・代掻・田植・稲刈・脱穀	

4　就農・交流型

府県	地区	開始年	口数	面積(㎡)	会費（円）	特典（ｋｇ）	体験・作業の内容
熊本	山都町菅	1996	11	100	35,000	全収穫	田起・種蒔・代掻・田植・草刈（４回）・稲刈・脱穀
京都	福知山市毛原	1998	6	600	50,000	全収穫	田づくり（３回）・田植・草刈（３回）・稲刈・脱穀・電柵（３回）
滋賀	滋賀県畑	2000	3	100	30,000	全収穫	超こだわりコース　全作業
埼玉	横瀬町寺坂Ⅱ	2007	24	500	15,000	全収穫	全作業　会費㎡当たり 30 ～ 40 円

5　保全・支援型

府県	地区	開始年	口数	面積(㎡)	会費（円）	特典（kg）	備　考
長野	千曲市姨捨	1998	18	なし	30,000	白米 20.0	
京都	伊根町新井	1998	45	なし	10,000	白米 5.0	田植・草刈・稲刈の体験　伊根と新井の千枚田を愛する会
三重	熊野市丸山	1999	30	なし	10,000	白米 1.5	
奈良	明日香村稲渕	1999	7	なし	30,000	白米 30.0	
埼玉	横瀬町寺坂Ⅰ	2000	40	100	10,000	全収穫配分	寺坂学校の作業に任意参加　出席回数により収穫物配分
島根	吉賀町大井谷	2000	3	なし	10,000	白米 0.5	５月３１日締切
千葉	鴨川市平塚	2002	54	なし	30,000	全収穫配分	
静岡	松崎町石部	2002	58	なし	10,000	白米 5.0	
新潟	十日町市室野	2003	161	25	10,000	白米 7.5	
石川	輪島市白米	2007	26	なし	10,000	白米 5.0	
新潟	長岡市木沢	2008	4	なし	10,000	白米 5.0	

後新たにオーナー制度が立ち上げられている。

発展の過程をたどってみると、一九九二年の二地区から一九九五年に六地区になり、一九九九年には三一地区に増えている。この増加は、一九九五年にすでにオーナー制度を実施していた檮原町で第一回全国棚田サミットが開催され、これに参加した各地区の関係者が情報を入手、導入が図られたものと思われる。たとえば、熊本県山都町菅では、町おこし組織である菅地域振興会のメンバーが棚田サミットの開催を日本農業新聞で知り、サミットに参加してオーナー制度について学び、自分たちにもできると確信を持ち、翌年から実施されるようになったといわれる。(3)

二〇〇〇年には単年度で一挙に一三地区が増え、その後の七年間で四二地区の立ち上げがみられる。この増加は、二〇〇〇年度から発足した中山間地域等直接支払制度と連動したものと考えられる。直接支払制度は条件不利地である棚田を含む傾斜地の農地の耕作者に直接助成金を与える制度であるが、助成を受けるのに必須要件として五年間以上の耕作の継続のほか、選択的必須要件の達成が求められている。その一つに多面的機能を増進する活動として保健休養機能を高める機能があり、そののなかに棚田オーナー制度があげられていることから、これとの組合せで直接支払制度の対象地になっているところが多い。このように、棚田オーナー制度は、着実に取組み地区を増やしており、都市農村交流の一つとして過疎・高齢化する中山間地域の活性化に寄与しているのである。

棚田オーナー制度の類型と評価

オーナー制度は、前述したように都市農村交流を基底にしている。それゆえ、都市住民のオーナーが中山間地に農業体験または作業のために来訪する回数が多ければ多いほど、地域は活気づき活性化されることになる。そこで、来訪回数を基本にし、面積、会費などの要素を加えオーナー制度を整理すると、表に示すような（1）農業体験・交流型、（2）農業体験・飯米確保型、（3）作業参加・交流型、（4）就農・交流型、（5）保全・支援型の五つの類型に分けることができる。

（1）農業体験・交流型

来訪回数三回未満、オーナー制度のなかで最も一般的な類型であり、二〇〇七年現在全国四四地区でみられる。来訪は二〜三回で田植と稲刈の二回が多いが、その間に草刈りか草取りのいずれかを行い三回の場合もみられる。口数は、鳥取県若桜町つく米の一口から大阪府能勢町長谷の一五〇口まで、大きなひらきがある。一〇口未満の一一地区は減少して中止に向かっているのか、あるいは本格的な取組みに入る準備段階にあるかのいずれかと考えられる。

一方、能勢町長谷は阪神大都市圏に属し、公共の交通機関と徒歩によっても大阪の中心地より一時間三〇分以内で到達することができるため、オーナーを獲得するのにきわめて有利な地理的な位置にあるほか、取組みを立ち上げた大阪府農とみどり環境の整備公社が行った広報活動の恩恵を現在も受けているといえる。その広報活動は、オーナーの募集のちらしとポスターをデザインの専門家に依頼、ポスターは一週間にわたり阪急電鉄の主要駅と能勢電鉄一五駅の上下線のホームに掲示、ちらしは大阪府北部と兵庫県東部などを範囲とする朝日新聞と読売新聞の販売店に依頼、前者一〇万部、後者五万部の折込み広告にして配送されるという大がかりなものであった。これに要した費用五〇〇万円は一五〇口前後のオーナーが維持されることにより五年間で回収されている。

来訪者は、家族、友人や同僚などのグループで申込んでいることが多いので、口数の数倍の人数になる。三〇口以上の地区は田植には一〇〇名以上が訪れる。三重県熊野市丸山では二〇〇七年の田植にオーナー及び関係者が二九三名、一般の見学者を含めると約八〇〇名の来訪者があり、静かな山里に賑わいがもたらされたことが報じられている(4)。

面積は、オーナーの各組に区画され割当てられている(マイ田圃)場合、兵庫県猪名川町柏原など三地区の五〇㎡、新潟県上越市大島区田麦など四地区の二五～二五〇㎡をのぞけば一〇〇㎡のところが多い。農業体験としては、一〇〇㎡をこえると一家で作業を行う場合でも負担に感じられるので妥当な面積といえる。福岡県添田町津野など五地区は、区画のない棚田に数口のオーナーを配分し、共同利用にして農作業を体験させている。

会費は一口(一〇〇㎡または割当面積なし)当たり一～五・五万円、特典は一口当たり白米に換算して一五～六〇キロが保証されているか、割当てられた区画について自らが収穫したものを持ち帰ることができるようになっている。この違いは、前者は作業することが強く求められていないので、オーナー田の管理は地権者である農家や保存会に依存する度合いが高くなる。これに対して、後者は来訪して作業体験を行うことが前提となっており、ある程度の作業が義務づけられているからである。

経済的には会費のうち四〇％をオーナーへの還元分と諸経費、残り六〇％を地代・管理・指導の労賃とすれば、平均一戸あるいは一人当たり一〇万円以上の報酬をえているのは、能勢町長谷地区能勢ながたに府民農園に加わる一二戸の農家、三重県熊野市丸山千枚田保存会の実働メンバー二〇名、静岡県松崎町石部赤根田百笑の村のメンバー二〇名、福岡県うきは市葛籠一〇戸の農家などである。その他は、耕作放棄地などを利用して保存会などの組織・団体がオーナーを受入れる地区ではオーナーの指導・田づくりなどの維持管理の日当（時給八〇〇～一〇〇〇円）として一人当たり数万円のところが多い。また地権者が受入れる地区でも一口当たり一・三～五万円であっても、数組の受入れにすぎず大きな収入にはならない。したがつて全体的には報酬よりも多数のオーナーが来訪することによって元気づけられる精神的高揚や活気が評価されている。

（2）農業体験・飯米確保型

来訪回数三回未満、新潟県のみでみられ、グリーンリース事業ともよばれる特殊なオーナー制度であり、長岡市山野田など六地区で実施されている。オーナーは、田植・草刈・稲刈など二～三回の農業体験は可能であるが、体験よりもむしろ一家の飯米を確保することが主たる目的になっている。このことは面積が六地区とも三〇〇～五〇〇㎡であり、体験をするには大きすぎることからもいえる。会費は一口当たり六～九万円、特典は玄米一二〇～一八〇キロが保証される。これは、二〇〇三年の国民一人当たりの米の年間消費量五九・五キロ（農林水産省総合食料局食糧部計画課資料）からすると二～二・五人分になり、二人家族であれば余るほどの量である。

オーナーが参加する収穫祭（千葉県鴨川市大山千枚田）

オーナー会による餅つき（千葉県鴨川市大山千枚田）

オーナー自身が作った交流施設（三重県いなべ市川原）

一方、地権者である農家は一〇アール当たり二口（五〇〇㎡×二　一〇アール）のオーナーを受入れれば玄米三六〇キロを提供するかわりに一八万円をえることになる。これは、玄米六〇キロを三万円で販売したことを意味し、農協に出荷して販売するよりもかなり有利である。そのうえ、一〇アール当たり普通三六〇キロ以上の収量をあげることができるので、さらに収入の上乗せになる。したがって満足できる報酬がえられるオーナー制として評価されている。

(3) 作業参加・交流型

来訪回数四～九回、農業体験型より来訪の回数や作業の種類が増え、定義に最も近い典型的なオーナー制といえる。オーナー制の発祥の地檮原町神在居をはじめとして三〇地区で実施されている。来訪は、田起・

田植・数回の草刈・稲刈・脱穀などの作業に四回以上、イベントを加えれば奈良県明日香村稲渕のように一〇回に及ぶところもみられる。

面積は一口当たり二〇〇㎡の檮原町四万川など三地区をのぞき一〇〇㎡である。マイ田圃の意識が強く、共同利用の一地区をのぞき独立した一枚か区画された棚田が各組に割当てられている。会費は一口（一〇〇㎡）当たり一～五万円、特典は滋賀県高島市畑のように白米一〇～三〇キロが約束されている五地区をのぞき区画の全収穫物が保証されている。これは、最終的に白米が保証されているところを含めて、作業することがある程度義務化されており、割当てられた区画の作業を行い、自ら収穫することが前提とされているのである。

口数は二～一三五口、なかでも五〇口以上の長野県千曲市姨捨、奈良県明日香村稲渕、千葉県鴨川市大山千枚田、滋賀県高島市畑、栃木県茂木町石畑などはオーナー制発祥の地である檮原町神在居とともに棚田百選に認定されたよく知られた棚田である。同様に、口数五〇口以上の千葉県鴨川市山入は「特定農地貸付けに関する特例」をも撤廃した棚田特区の指定を受けた地区である。これらの地区は、作業日には数百名のオーナーやその関係者が訪れ、大変な賑わいがもたらされている。

経済的には、鴨川市大山千枚田をのぞき、口数五〇口以上の一部の地区で指導・管理に当たる地元民が一人当たり一〇万以上の報酬をえているが、その他の地区は五〇口未満の地区を含めて数万円に止まる。しかし、オーナーは農業体験型より作業参加への意欲が強く、田起・田植・稲刈・脱穀のほか、ほとんどの地区で地元民に負担のかかる草刈作業を行っている。ことにリピーターになっているオーナーは作業の経験を積み労力支援の面で貢献している。また、来訪者は前述した地区以外でも作業日に百名前後に達する地区もあり、年間にすると来訪回数が多いため大部分の地区で百名をこえる賑わいをもたらしている。これら来訪者は地域の道の駅や直売所、商店に立寄り、地元産の農産物を購入しているので地域の活性化にも寄与している。

この類型のなかで、多くの研究者（山本など二〇〇一、山路二〇〇六、芳士戸など二〇〇七）に注目され、都市農村交流のうえで最も盛んな活動を行っているのが鴨川市大山千枚田であり、年間の来訪者は二万人（二〇〇四年度　二万四一一七名）をこえている。オーナー制を主催する大山千枚田保存会は二〇〇三年に特定非営利活動法人になって組織を充実させ、棚田オーナー・トラスト、大豆畑トラスト、酒づくりオーナー、団体オーナーなど各種のオーナー・トラスト制を立上げるとともに、生徒・学生・労働組合員の農業体験受入れ、食事提供、カレンダー販売などの取組みを展開、これらを事業化して三千万円をこえる収入(5)をえている。これにより、保存活動に従事する会員、理事長（保存会会長）に一八〇万円、中心メンバー数名に二〇万円以上の賃金を支払っており、経済的にも高く評価されている。

（4）就農・交流型

来訪回数一〇回以上、最も進化した類型であり、京都府福知山市毛原をはじめとする三地区でみられる。面積は一口当たり二地区が一〇〇～六〇〇㎡、三重県いなべ市川原地区は三ヘクタールの土地をオーナーが共同で利用している。来訪は、田づくりから田植、数回の草刈、稲刈、脱穀までの作業を行うので一〇回以上に及んでいる。作業は三地区とも耕耘機や歩行型の田植機、バインダーなどの機械類が利用される。会費は三～五万円、口数は五～二三口で比較的少ない。しかし、水管理以外のほとんどの作業を行うので、過疎・高齢化が進む中山間地域では耕作の新たな担い手として高く評価されている。

なかでも、いなべ市川原地区は就農に近い次世代型オーナー制として注目されている。耕作放棄地の復田作業からはじまり、現在二ヘクタール以上の面積で復田が完了、粳米、糯米、古代米、酒米などが栽培されている。オーナーたちは、作業小屋、休憩所、機械倉庫などを手作りで完成させ、森で隔絶された棚田団地を独自の世界にして楽しんでいる。オーナー二三組の二〇〇六年度の来訪回数をみてみると、二組（夫婦）一四〇回、一組一〇〇回、二組（一組夫婦）五〇～六〇回、六組（三組夫婦）三〇～四〇回、八組（一組夫婦）一五～二〇回、四組一五回未満であった。このうちの一〇組が早期・定年退職者であり、大部分が六〇歳台前半の人たちである。とくに来訪回数一〇〇回以上の人たちは定年就農ともいえ、中山間地域の担い手不足を解消する労働力として期待されている。

（5）保全・支援型

農業体験も可能であるが、基本的には金銭的支援に止まる初歩的段階の類型である。オーナー制度の先進地である千曲市姨捨、熊野市丸山、明日香村稲渕など他の類型のオーナー制が併存する七地区と単独で実施されている鹿児島県湧水町幸田など三地区の合計一〇地区で行われている。会費は一口当たり〇・八～三万円、特典として白米一・五～三〇キログラムが保証され、口数は三～六五口である。

この類型は、すべての地区で地元の負担が少ないうえに活動の資金源になるとして評価されている。なかでも、鴨川市大山千枚田はトラストにより二〇〇〇万円近くをえており、保存会の重要な収入源になっている。

おわりに

棚田オーナー制度は、過疎・高齢化が進む中山間地域で最も活発に展開されている都市農村交流の一つであり、筆者が把握しているところのみで二〇〇七年現在、全国八六地区で実施されている。これらをオーナーの来訪回数に重きをおいて分類すると、農業体験・交流型、農業体験・飯米確保型、作業参加・交流型、就農・交流型、保全・支援型の五つに類型化することができる。

各類型は、それぞれ特徴をもち、交流を通じて中山間地域を活性化させている。農業体験・交流型は報酬は少ないが、地元民に活気を与える精神的高揚をもたらしている。農業体験・飯米確保型と保全・支援型は報酬のわりには地元民の負担が少ないことが評価されている。作業参加・交流型はオーナー制の最も典型的な類型であり、一部で満足できる報酬をえているほか、オーナーの作業参加の意欲が強く、地元民の労力を節減、ことにリピーターのオーナーは作業に熟練し、貴重な労力源とみなされている。また、来訪回数の多いオーナーが地元産の農産物を購入するため地域の活性化にも寄与している。就農・交流型は来訪回数が多く、水管理以外のほとんどの作業に従事するので労働力不足に悩む地元では新たな作業の担い手として期待されている。

これらのなかで、作業参加・交流型の鴨川市大山千枚田と就農・交流型のいなべ市川原の取組みが注目される。すなわち、前者は各種の取組みを立上げて事業化し、収益をえて高齢化し離脱する地権者にかかわる保存会員に通常の賃金を支払い、オーナー制に関与する意欲を高めている。後者は来訪回数がとびぬけて多く、すべての作業と管理を行うので就農に近い次世代型のオーナー制ともいわれている。今後のオーナー制の取組みでは、受入れる地元側の過疎・高齢化が一段と進み、深刻な耕作の担い手不足に陥ることが予測され、満足できる賃金を支払い保存会員を確保することや次世代型のオーナー制がますます重要になるものと考えられる。

注

（1）この資料をもとにして「ふるさと水と土基金ホームページ」は作成されている。

（2）他の類型と組合せて実施されている保全・支援型は両者をあわせ一地区として表示されている。

（3）二〇〇五年一一月、熊本県山都町菅地域振興会会長渡辺正弘からの聴取。

（4）「めはり」二八号　紀和町ふるさと公社

（5）特定非営利活動法人大山千枚田保存会定期総会資料　二〇〇六年度事業収入三〇七八万二一円

参考文献

（1）中島峰広（二〇〇三）「山村におけるオーナー制度による棚田の保全」　地理科学　五八巻三号　三七〜四五頁

（2）中島峰広（二〇〇六）「棚田保全の潮流」　環境情報科学　三五巻一号　三〇〜三五頁

（3）山路永司（二〇〇六）「棚田オーナー制度による農村アメニティの享受」　農村計画学会誌　二五巻三号　二〇六―二一二頁
（4）山本若菜・山路永司・牧山正男（二〇〇一）「オーナー応募者の行動からみた棚田オーナー制度の継続性―鴨川市大山千枚田を事例に―」　農村計画論文集三　一九九～二〇四頁
（5）芳士戸優二・劉鶴烈・千賀裕太郎（二〇〇七）「棚田保全活動における地元住民と都市住民との協働運営の実態と特質について―大山千枚田保存会（千葉県鴨川市）を事例として―」　棚田学会誌　日本の原風景・棚田　第八号　三八～四六頁

農村と都市を結ぶ　全農林労働組合農村と都市を結ぶ編集部　No六七二　二〇〇七年一〇月号　掲載

3　究極の棚田オーナー制度―埼玉県横瀬町寺坂―

都心から最も近い棚田

埼玉県横瀬町寺坂は都心から最も近い棚田である。秩父盆地の入口にあり、池袋から西武鉄道の「ちちぶ号」に乗れば、横瀬駅から歩いても一時間三〇分で寺坂に着く。ここには横瀬川の河岸段丘上に約五ヘクタール、現在の耕作面積は四ヘクタール、約二五〇枚の棚田があり、二〇一一年現在四名の地権者、二六組の棚田オーナー、約五〇名の寺坂棚田学校の生徒によって耕作されている。

就農交流型の棚田オーナー制

棚田オーナー制は、都市農村交流の一つとして都市住民が過疎・高齢化の進む中山間の農村地域に出かけて行き、会費を払って棚田を賃借し、体験あるいは耕作を行い、全収穫物かあるいは保証された量の米を受け取る制度である。これにより、農村側は経済的・労力的な支援を受けることになり、棚田の保全に結びつく取り組みとして注目されている。

表1は、地域活性化の最も大きな要素と考えられるオーナーの来訪回数を指標にして私が類型化した五つのオーナー制度である。このなかで、横瀬町寺坂のオーナー制は来訪回数の最も多い就農・交流型のオーナー制度である。地元民の指導による都市住民の農業体験が主流であるオーナー制度のなかで、寺坂ではオーナー自身がすべての作業を行っており、他のオーナー制度と次元の違う内容から次世代型のオーナー制ともよばれている。

究極の棚田オーナー制

寺坂のオーナー制は、オーナーが育苗から脱穀までの農作業は

表1　棚田オーナー制の類型

類　型	来訪回数	面積（㎡）	会費（円）	保障（kg）
農業体験・交流型	3回未満	100	30,000	白米30
飯米確保・交流型	〃	500	90,000	玄米180
作業参加・交流型	4～9回	100	30,000	全収穫物
就農・交流型	10回以上	100～1,000	30～3,500★	〃
保全・交流型	来訪なし	なし	10,000	白米5

注1　面積・会費・保証は平均的数字
　　中島峰広作成
注2　★は㎡当たり

武甲山を背景にした寺坂の棚田（埼玉県横瀬町寺坂）

もちろんのこと、堰普請から日常の水管理にいたるまで、地元民にかわってすべての作業を行っており、作業のため年間三〇日寺坂を訪ねるというから究極のオーナー制ともいえる。表2は二〇一一年度の寺坂棚田オーナー会の名簿である。表からわかるように、二二組のオーナーはすべて近隣の都市住民である。地権者が耕作権を放棄しているため、㎡当たり三〇〜四〇円の地代としての会費はオーナー会に払っている。オーナー会ではその金をプールして水路の改修費に充てることになっており、これまでに一二〇万円が積み立てられているそうだ。㎡当たり三〇円として面積を計算すると、最も広い人が一二・八アール、狭い人が一・四アールで合計一一八・六アールを耕作していることになる。

農機具を駆使した農作業

表2　寺坂棚田オーナー会名簿（2011年度）

オーナー	学校	住所	会費（円）	面積（a）	農機具代
A	○	飯能市	38,400	12.8	19,950
B	○	狭山市	16,200	5.4	3,700
C	○	鶴ヶ島市	20,500	6.8	18,650
D	○	川越市	15,800	5.3	-
E	○	入間市	35,200	11.1	-
F		飯能市	10,200	3.4	5,900
G	○	所沢市	18,100	6.0	18,900
H	○	横瀬町	15,500	5.2	-
I		日高市	11,800	3.9	3,300
J	○	深谷市	25,800	8.6	2,400
K		横瀬町	35,900	11.9	-
L		〃	4,500	1.5	1,000
M		〃	4,300	1.3	-
N		所沢市	12,300	4.1	7,200
O	○	長瀞町	35,800	11.9	-
P		所沢市	14,500	4.8	3,700
Q		飯能市	9,500	3.2	3,700
R	○	秩父市	17,400	5.8	11,800
S		横瀬町	4,800	1.6	-
T	○	岡谷市	4,400	1.5	-
U		秩父市	5,100	1.7	3,500
V		飯能市	小作料	8.0	4,000
計			356,000	125.8	107,700

注　○印は棚田学校の卒業生
中島峰広作成（オーナー会資料による）

表3　農機具の所有台数と使用料

農機具	所有台数	使用料（円）
耕耘機	4	100
田植機	1	200
バインダー	2	200
ハーベスター	1	200
草刈機	3	50
カッター	1	200
籾摺機	1	150

注　使用料は10分毎の料金
中島峰広作成（オーナー会資料による）

平均的には一〇〇㎡の面積で体験的な農作業を行う他の地域のオーナー制と異なり、ここでは耕作する面積が大きく、半分が五アール以上、一〇アールを超えるオーナーが四組もいる。これだけの面積になると人力だけでは無理で、農機具を使用するようになる。表3は会が所有する農機具類と使用料が示されている。表3に示す農機具代の（使用料の）合計は約一一万円、年間の燃料費を賄える金額だという。農機具代を支払っていないオーナーは自前の農機具を所有していると考えてよいそうだ。

有機的に結合した四つの取り組み

二〇一二年六月に、それまで別々の団体であった中山間地域直接支払、寺坂棚田学校、寺坂棚田オーナー会、寺坂ふれあい農園が横瀬町寺坂棚田保存会として一つに統合された。四つの団体はこれまでも密接な関係を持っていたが、これにより一層関係が強化され、有機的な結合になるものと考えられる。

まず、中山間地域直接支払は集落協定で助成金の三〇％を地権者に渡し、残り七〇％を集落で留保、オーナーが使用する農機具類を購入してきた。

寺坂棚田学校は面積二七アール、四枚の棚田を利用して会費一万円で農業体験をさせるものであり、作業への出席状況に応じて収穫物が分配される。特色があるのは体験メニューの多様さである。学校の年間計画をみると、施肥・畦シート張り・荒掻き、代掻き・畦草刈り（一回目）、田植え、田草取り（一回目）・畦草刈り（二回目）、田草取り（二回目）・山側水路掘り、土用干し・水きり・田草取り（三回目）・畦草刈り（三回目）・支柱立て、防鳥ネット張り、稲刈り・はさ掛け・ネット撤去、脱穀・籾摺りなどが列挙されている。これらは通常の農作業のすべてであり、生徒はここで地元民の指導を受けて学習し、一人立ちしてオーナーになる仕組みになっている。表2をみると、オーナーの半数が学校の卒業生であるのはこのためである。

寺坂ふれあい農園は転作田を利用して一区画二〇㎡、料金二〇〇〇円で貸し出すもので、二〇区画が用意されている。オーナーや学校の生徒が棚田の作業に来た時、畑仕事も行い農作業の充足感を高める役割を果たしている。

このように、寺坂ではそれぞれの活動が棚田オーナーの育成を図るために機能している。今後は横瀬町寺坂棚田保存会の結成により、その機能は一層高められ、究極の棚田オーナー制の発展に寄与するものと考えられる。

棚田に吹く風　Vol八四　二〇一二年一〇月号　NPO法人棚田ネットワーク　掲載

寺坂棚田保存会会長の町田さん

オーナーの農機具倉庫

各機具ごとに使用を記録した作業日誌

6 棚田と人

1 杉原千畝と中村十作―早稲田が生んだ二人の偉人―

私は、農林水産省が認定した棚田百選の委員の一人でもあったことから、この数年全国の棚田地域を調査して歩いている。その調査行で出会った二人の偉人、杉原千畝と中村十作をここで紹介したい。

杉原千畝はユダヤの恩人、六千人の命のビザで知られる外交官、中村十作は悪政の人頭税で苦しむ宮古島の農民を救った黒真珠の養殖家である。杉原は大正七年、中村は明治二十年前半にそれぞれ早稲田大学、前身の東京専門学校に入学しているが、ともに中途退学して人権擁護のために身を挺した人物である。杉原はすでに高い評価と賛辞が寄せられているが、中村については大学自体何らの情報も持っていない知られざる存在である。

まず、杉原千畝との出会いは一九九七年棚田百選の一つ岐阜県八百津町北山を訪ねた折のことである。名鉄八百津駅前からタクシーに乗り、北山までというと、「杉原さんの取材ですか」と尋ねられた。私の出で立ちによるものと思ったが、杉原さんが誰なのか。今度はこちらから尋ねると、なんでも戦争の時沢山の外国人を助けた人というだけで要領をえない。しかし、すぐに杉原千畝であることに思い至った。後で知ったことだが、北山は杉原の生母の実家があり、ときどき取材のため訪れる人がいるのであろう。この時は棚田の調査だけを行い引き上げた。

東京に帰ってから、杉原千畝の名前が妙に気になるようになった。千畝とは棚田の重なり、生母が目にしていた北山の棚田のことではないかと。それから先は確かめようもなかったが、一九九九年六月号の早稲田学報に「早稲田の誇り杉原千畝」という記事が巻頭を飾っているのをみた。

記事は、その功績に対して、戦後帰国した杉原を免官した国も、出身者として十分に遇していない大学も冷た過ぎるという内容。早速、筆者の大正出版社長渡辺勝正氏に電話をかけ名前のことを伝えると、ひどく関心をもたれ、藤沢市在住の杉原幸子夫人に確かめてみるとのことであった。しばらくして、執筆中の『真相・杉原ビザ』の草稿と手紙が送られてきた。夫人に尋ねると、名前の由来はわからないが、十分に考えられるとのこと。草稿には、「千畝というユニークな名前」の見出しで、税務署員であった父好水が妻やつの実家の南側に千畝の名にふさわしい立派な千枚田(棚田)が広がっていることに因んで届け出たのではなかろうかと書かれていた。

二〇〇〇年三月、このことを確かめるために北山を再訪し、千畝の母親やつの実家を訪ねると、納屋で作業をされていた当主の岩井錠衛さんと奥さんが応対してくださった。やつは錠衛さんの祖父の妹に当たるとのこと。父親の好水も北山出身でもともとは岩井姓であったが、町内の杉原家に結婚時に養子に入り姓が変わった由。名前の由来については新しい情報をえることはできなかったが、父母が北山の棚田を原風景として育ち、この地で千畝が生まれたとすれば、推測通りかもしれないと思った。

岩井家は集落の西の外れにあり、背後は杉林、前面には棚田が広がっている。玄関前の庭に立つと、

千畝の生母の実家前にひろがる千枚田（岐阜県八百津町北山）

千畝の生母の実家

北山の棚田をほぼ一望できる。棚田は、比較的緩い斜面に長い畦を気持ちよく伸ばし、ゆるやかな曲線をつくりだしている。その畦は三方から盆地底に向って収斂し、下の方は折り重なってみえる。背後は杉林、前面にひろがる千枚田の景観は、まさに杉原千畝の名前通りではないかとあらためて思った。この原風景が杉原千畝の博愛の精神を育て、六千人をこえるユダヤ人を救ったとすれば、棚田はユダヤ人の救世主ということになるのではないだろうかと想像をふくらませ北山を後にした。

中村十作を知ったのは、二〇〇一年八月、前年の全国棚田サミットで会って以来の知己である独立行政法人農業工学研究所の理事長佐藤寛氏のお誘いで新潟県板倉町（現上越市）を訪ねた時のことである。板倉町は全国一の棚田分布と地すべり地で知られる頸城丘陵の西端にある。そこでの地すべり対策と棚田の保全事業の見学が主な目的であったが、早稲田の大先輩ということで、十作の生家訪問を見学コースのなかに加えられていたのである。

十作が生まれた現在の家（新潟県上越市板倉区稲増）

中村十作は、役場が最近作成した功績を讃えるパンフによれば板倉町稲増に生まれ、東京専門学校に入学、退学して海軍に入った後、明治二五年真珠養殖の夢をいだいて沖縄県宮古島に渡っている。そこで、十作青年は過重なる人頭税（植民地的税制度）の負担からくる貧困と、君臨する士族の差別に堪え忍ぶ農民の姿をみて深く同情し、同志とともに人頭税撤廃の運動に立ち上がるのである。

運動は、士族側の幾多の妨害や官憲の弾圧を排除して進められ、明治二六年には現在の城辺町出身の農民代表とともに上京。

同郷の友である東京専門学校出身の読売新聞記者増田義一の協力などで世論を動かし、明治二七年には帝国議会に「沖縄県宮古島島費軽減及島政改革」の請願書を提出、ついに明治二八年に請願採決を勝ち取るのである。

実際に人頭税が廃止されるのは、士族の抵抗でさらに十年の歳月を要するのだが、島民の十作に対する謝恩の念はつよく、中村主として民族芸能の唄にうたわれ、また「人頭税撤廃之碑」にその名が刻まれるなど現在に至るまで崇敬されているのである。しかし、故郷の板倉町では村を捨てた人として忘れられた存在であった。

時は流れ、人頭税廃止に立ち上がってから九〇年を経た昭和六〇年、宮古島六市町村長は中村十作の功績を讃えるため新潟県知事を表敬訪問。ついで生家のある板倉町を訪ねたことから、町でもその偉業を知るところとなった。現在では、町勢要覧に郷土が生んだ偉人として十作が登場するとともに、その功績を後世に伝えるため宮古島城辺町との間で小・中学生の相互訪問が行なわれるまでになっているのである。

役場で町長の瀧沢純一氏から十作を顕彰する最近の動向について説明を受けた後、生家である現在の当主中村敏雄（十作の甥）宅を訪問。晩年を過ごした京都から生家に移されている十作の位牌に手をあわせて中村家を辞し、板倉町の調査旅行を終えることにした。

二人の偉人は、ともに存命中はエリートとして活躍し脚光を浴びることはなかったが、後世に光り輝いた人である。エリートであればなしえなかった偉業を傍流あるいは在野にあって実現した人であり、そこに私は早稲田精神の神髄をみる思いがするのである。とくに、顕彰がなされていない中村十作に対して大学がなんらかの行動をおこすことを切望してやまない。

早稲田学報　二〇〇一年一〇月号　早稲田大学校友会　掲載

2　中村十作―宮古島の人頭税廃止に力を貸した早稲田の人びと―

二〇〇一年一二月号の「早稲田学報」の私の記事「早稲田が生んだ二人の偉人杉原千畝と中村十作」を記憶されているであろうか。それから一年後の二〇〇二年一二月に中村十作の出身地である新潟県板倉町で、恩義を受けた宮古島の住民を代表して城辺町長や職員らも参加し、人頭税廃止一〇〇周年記念式典が催された。

これを機にしてさらに詳しく十作のことを調べてみると、偉業を達成するのに早稲田の関係者たちの援助が大きかったことが判り、校友の皆さんにも是非知っていただきたく、再度十作に光を当てることにした。

十作については、最初に民俗学者の谷川健一氏が一九七〇年七月号の中央公論に「北国の旅人」として世に紹介されている。この谷川氏の講演を聞いて感動した宮古島出身の山内玄三郎氏が、五年の歳月を費やして完成させた『大世積綾舟』が「北国の旅人」を補う十作の生涯を描いた作品として知られている。ここでは、これらを資料にして十作の偉業を伝えたいと思う。

新潟県板倉町（現上越市）町民会館での「人頭税廃止 100 周年記念式典」

中村十作は、東京専門学校を中退した翌年の一八九二年、二五歳の時に黒真珠の養殖を夢見て、言葉も通じない外国にも等しい宮古島にやって来るのである。当時の宮古島では支配階層の士族とこれに隷属する農民の階級社会が存続し、農民は人頭税に苦しみ塗炭の生活を強いられていた。

人頭税は、貧乏人には不利な人間の頭数で決まる物納とする税制である。このため、一人当たり一五～五〇歳の男子は粟を二～三俵、女子は機を織れる者は三反の上布、織れない者は粟を納める必要があった。それがいかに重い負担であったかは、たとえば上布の場合、一日六寸しか織れず、三反織るのに一五〇日、毎日で五か月、多少休むとすれば半年は税金のために働かねばならなかった。

重税に苦しむ農民の生活は悲惨を極め、膝までの木綿の単衣一枚の着物、粟も食べられず、さつ

宮古島平良市（現宮古島市）鏡原馬場の中村十作と城間正安の顕彰碑

まいもと塩水で煮たいもの葉を食べ、二間四方の土間に丸太と草で覆った掘立小屋に住んでいた。税金を払えない者は、男は士族の名子となり、奴隷同様の私有物となって働き、女は役人である士族の宿引女（単身赴任の役人の世話をする妾同様の身分）となっていた。納税の義務がある男子九千人のうち、三分の一に当たる三千人が名子であったという事実は、いかに税の負担が重いものであったかを物語っている。

この惨状を見兼ねた県の農業試験場の技師城間正安（那覇の下級士族の出身）は、農民を救うのは人頭税の廃止とさとうきび栽培の普及と考え、技師を止め宮古島に土着して指導に当たることにした。そこに姿を現したのが高等教育を受け、中央の事情にも通じている十作青年だったのである。

人頭税廃止の実現は、直訴に等しい帝国議会への請願しかないと決意していた無筆の正安にとって、十作の来島はまさに天恵と思えたに違いない。県の職員となり大和言葉を理解する正安は十作に会い、人頭税廃止の運動の協力を要請した。これに対して、真珠養殖の事業が三年は遅れるといって応じなかった十作も、正安の熱意と農民へのヒューマニスティックな同情心から起業家としての野心を中断し、運動への加担を決意するのである。

決意してからの十作の行動は素早く、まず県知事に会い、島政改革の請願書を提出して名子と宿引女の廃止を勝ち取り、その勢いを駆って、着島一年後の一八九三年一一月には請願のため農民代表二名と、通弁として城間正安を伴い東京に姿を現すことになる。

東京では、十作の弟で学費が続かず東京専門学校を退学したばかりの十一郎が一行を待っていた。十一郎は、兄を助けるべく行動を開始、まず兄弟にとって同郷・同窓の友人である新聞記者の増田義一を訪ねて協力を依頼した。増田は、東京専門学校を卒業後、高田早苗の推薦で読売新聞の記者になり、後日「実業之日本社」を創設した人物である。

一行は、増田の仲介により一一月二一日、宮古島の惨状をひろく世論に訴えるため、デモンストレーションもかね人力車を連ねて在京の新聞社を巡った。新聞社の反応は早く、翌二二日には九社の新聞社が一斉に「琉球の佐倉宗五郎上京す」などの見出しで報道し、大きな反響をよんだのである。

ところで、請願は国民が議会に対して直接提案できる唯一の方法であったが、千件をこえる請願のうち、委員会で取り上げられるのは数件にすぎなかった。人頭税廃止を盛り込んだ請願書は、マスコミを利用した作戦が功を奏して注目を集めたことや第四帝国議会の請願委員長を務めた衆議院議員高田早苗（第三代早稲田大学総長）が請願の紹介議員であったことなどから、第五帝国議会の委員会で受理されるのであるが、残念ながら議会が解散したため審議には至らなかった。

しかし、これを突破口にして十作一人が東京に留まって活動を続け、一八八五年の第八帝国議会において衆議院・貴族院の両院で請願は可決され、人頭税の撤廃が認められ、地租税に切り替わる制度変更の作業を経た一九〇三年に宮古農民の悲願であった人頭税の廃止が実現するのである。

このように、二六六年間にわたって宮古島の農民を苦しめてきた人頭税を廃止に追い込んだのは、城間正安の統率力や農民自身の団結力もさることながら、これらに力を貸した弱冠二五歳の十作青年の人道主義的精神、そして十作を助けた弟十一郎、友人の増田義一、義一の恩師高田早苗などの早稲田の関係者たちによるところが大きかったのである。

十作の偉業が長く人に知られなかったのは、自身が寡黙で他人に語らなかったこともあるが、沖縄からの情報発信がなかったことが最大の理由であったと思う。しかし、農民は十作の恩義を忘れずに語り継ぎ、人頭税廃止一〇〇周年記念式典に結びつけたのである。

付記　中村十作に関連する資料、写真を提供して下さった校友の沖縄県出納事務局長喜納健勇氏と中村十作遺徳顕彰会会長清水郷治氏に深謝申し上げる。

早稲田学報　二〇〇三年六月号　早稲田大学校友会　掲載

3　浅見彰宏

大企業の営業マンから転身、北会津の山里を選び定住したＩターンの百姓である。目標に向かい一つずつ着実に夢を実現していく過程は爽快、心地よさを感ずる。彼は大学卒業後、ビジネスクラスの飛行機に乗り、超一流ホテルから高級車で商談先に乗り付けるという傲慢な生活にこれでよいのかという疑問を持ち転職を決意、バンコク駐在の商社マンである父親の強力な反対を押しきって退社した。一転、その後の行動はきわめて計画的に進められる。まず有機農業を学ぶため埼玉県小川町の霧里農場の門をたたき、一年間と期限を決めて修業に励む。後にこの時出会った長野県野辺山高原のレタス農家出身の女性と結婚するのだから、農場での修業は彼に二重の恩恵をもたらしたことになる。

Ｉターン農民　浅見彰宏さん

次に就農先は山深い山間地、温泉がある雪国などの条件をつけて探し、学生時代に登頂した飯豊山の登山口、会津北部の山都町（喜多方市）に決め、県の農業改良普及員の紹介で早稲谷集落の古民家に住むことにした。彼の考えが堅実なのは就農に先んじて、他の収入をえる仕事を見つけ、兼業農家を目指したことだ。すぐに普及員の紹介で福

浅見さんが耕作する棚田（福島県喜多方市早稲谷）

浅見さん手作りの鶏舎

離村農家の空家に入居した浅見さん

島県農試の臨時作業員になり、半年勤めた後、現在も続けている喜多方の酒造会社に職を得て、冬場の貴重な収入源にしているのは立派だ。

本業の農業は、放棄された二〇㌃の開墾から始め、二年目に七㌃、一〇枚の水田を借りることができた。結婚後は信用を得て順調に借地が増加、現在では棚田一二〇㌃、畑五〇㌃を耕作する早稲谷一番の大百姓である。彼が水田、奥さんが畑を担当、ともに有機無肥料による栽培、米は知人向けの直接販売、野菜はセット野菜にして近隣の商店やスーパーに出荷、ほかに自作の鶏舎で豆腐屋のおからなどを餌にした採卵用の鶏一五〇羽を飼っている。

Ｉターン農民の彼が地域で果たしている最大の貢献は過疎高齢化で危機に瀕していた集落総出で行う春の堰浚いに、最初は知人数名、現在では五〇名にも及ぶ作業ボランティアが参加する仕組みを立ち上げたことである。彼はこの活動を通じ、農業における民の公共としての社会的役割を自覚、その実践のために地域が持っている技・知恵・体験の学習と継承に日々汗を流す百の仕事をこなす百姓である。

棚田学会通信　第四四号　二〇一四年一〇月二五日（書籍紹介より）掲載

4 守り人　川崎　憲

憲さんは、二〇〇六年に亡くなった大山千枚田保存会の長老で創設時の副会長。働き盛りは長距離トラックの運転手、市民マラソンのランナーとしても活躍。痩身・短躯で仙人のような髭を生やし、頑固で妥協しない信念の人だった。

憲さんとの出会いは大山千枚田にまだ賑わいがなかった一九九八年、保存会ができたばかりの頃。都市住民との交流を始めたいという保存会の要望と現地での活動を行いたいという棚田ネットワーク（当時は棚田支援市民ネットワーク）の願望が合致。両者の交流が始まり、その舞台になったのが憲さんの放棄されていた八枚の棚田であった。

棚田ネットワークの師匠　川崎憲さん

初年度、スコップで掘り起こす田づくりの作業から始まり、憲さんから無農薬、無肥料で栽培することを指示され、草取りの苦労を体験することになった。田のなかを這いまわり、草が生えないように

中央部が棚田ネットワークが復田した棚田（千葉県鴨川市大山千枚田）

取った草を土に埋め込み掻きまわさなければならない。苗が小さい一番草の時はまだよかったが、苗がある程度育った二番草の時は大変、イネの葉先が頬に当たるとチクリ、目に触れると痛くて涙が出た。

しかし、作業を終えると、いつも家に招き、ニコニコ顔の奥さんが用意した発芽玄米のお昼をご馳走してくれた。発芽玄米は「健康の源」だと宣言、「これを食わない奴はオレの家にも田圃にも入れない」と恫喝（？）された。ところが、ある日奥さんが「あんなこと云って、自分はこっそり白米のご飯を食べているのですよ」と教えてくれた。まことに愛すべき頑固おやじ。毎年オーナーの作業が始まる日、思い出すのはこの人のことである。

棚田のまもりびと　第二号　二〇〇九年一一月五日

NPO法人棚田ネットワーク　掲載

5　守り人　小北俊夫・佐藤茂人―きれいに刈った畦草のかげに―

棚田の美しさは、草刈り後の曲線の畦にあるといわれる。その美しさを保つために春から夏にかけ三～四回草を刈らねばならない。しかも、危険を伴う作業で棚田巡りのなかで親しくなったお二方が亡くなられている。

お一人はネットの機関誌「棚田にふく風」（二〇〇二年二月号）で紹介した兵庫県猪名川町柏原の小北俊夫さん。一〇〇組近くのオーナーをほとんど独力で引き受け気を吐いていた方である。田植が終わった六月、夕方草刈に出掛け、夕暮になっても帰宅しないので、奥さんが田植機の転倒で痛めた足を引きずりながら探し回り川に転落しているご主人を見つけられた。その時には意識もあり救急車で運ばれ入院、一旦退院されたが、ものごとの判断ができなくなり、再入院して帰らぬ人になった。

もう一方は、拙著『百選の棚田を歩く』（二〇〇四年）で紹介した大分県別府市内成の佐藤茂人さん。「牛飼いの茂ちゃ

小北俊夫さんの家（兵庫県猪名川町柏原）

棚田を案内する小北さん

佐藤さんが草刈りに励んだ内成の棚田（大分県別府市内成）

ん」といわれ、子取りの雌うしを飼う畜産・専業農家であったが、事故で亡くなられた。この五月、地元の活性化に汗を流している後藤幸彦さんの案内で内成を訪ねた時、畑で草取りをしていた奥さんを見かけ声をかけると、「お茶でも」といわれ家に招かれた。仏さまに線香を上げてから、事故のことを尋ねると、三年前、田仕事が始まる前の三月、小北さん同様、夕方草刈りに出掛け、日が暮れても帰ってこないので、隣の若い衆と一緒に探し、川に落ちていたご主人を見つけられた。その時は受け答えもできたが、救急車で運ぶ途中急激に悪化、その日のうちに亡くなられたそうだ。

同じような状況で亡くなられたとすると偶然とはいえない。一日の作業で疲れ、思考能力が落ちている状態で、足元が暗くなった道を歩き、足を滑らせ川に落ちたものと思われる。われわれは、美しい棚田を見る時、その背後にお二方のように命を落とすこともある草刈り作業があることを忘れてはならない。

棚田のまもりびと　第四号　二〇一〇年五月二五日　NPO法人棚田ネットワーク　掲載

6　守り人　長野県大岡村の老婦—素手でヨケを塗る—

素手でヨケを塗る老婦（大岡村—現長野市慶師）

現在は長野市になっている旧大岡村は、北アルプスの山々を望める百選の棚田が三つあることで知られている。その一つが、役場のあった樺内から歩いて二〇分ほどの慶師の棚田である。

二〇〇五年四月下旬、本州全土が西から張り出す高気圧におおわれるという予報を聞いて大岡村を訪ねた。現地に到着してみると、雲一つない快晴、くっきりとした稜線を描くアルプスの山々は残雪を頂き神々しく聳え立ち迎えてくれた。

標高八二〇メートル付近にある慶師では、県道下に広がる棚田で作業をしている老婦の姿を見かけた。近寄ってみると、素手でヌルメの役割を果たすヨケの修復をしていた。ヌルメは冷水がイネに直接かかるのを防ぐため、区画の縁に小さな畦を設けて長い溝をつくり、その溝に冷水を導き、あたためてからイネにかかるようにするためのものである。

北アルプスの山並みを望む慶師の棚田（長野市慶師）

すでにある畦の上に手で掬った土をのせ、きれいに均す作業を黙々とこなしていた。多分鍬などの農具を使うよりもはやく、きれいにできるのであろう。これをみて、岐阜県恵那地方でヨケのことをテアゼと呼ぶ理由が理解できた。

　話しかけても、手を休めることなく作業は続けられる。九時頃から始め、二〇メートルのヨケを塗り直すのにお昼までかかるとのこと。腰をくの字に曲げての作業は楽ではない。多分立ちあがっても、腰は曲がったままではなかろうか。農山村でみかける老人の腰曲がりは激しい労働の勲章ともいえる。「お名前は」と尋ねたら、「そんなものはえー」と断られ、目礼して立ち去るしかなかった。

棚田のまもりびと　第五号　二〇一〇年一一月二五日
NPO法人棚田ネットワーク　掲載

7　守り人　高内良叡

オーナー田でギターを弾く高内良叡さん

高内良叡さんは、明日香にある聖徳太子ゆかりの名刹橘寺の御曹司。惜しまれて先年亡くなったが、明日香村の職員であった時、飛鳥川に沿う稲渕の棚田オーナー制を立ち上げるとともに鴨川市でその経験を伝える基調講演を行い、今日の大山千枚田の隆盛を導いた恩人でもある。

二〇一〇年夏に訪ねた香川県土庄町豊島の人たちから、オーナー制の先進地明日香村稲渕を視察したいという連絡があり、両者を取り結ぶために私も顔を出すことにした。豊島は、小豆島に隣接する瀬戸内の小島で産廃の島として名を馳せたが、三年前から直島福武美術館財団の援助を受け放棄地を復田、棚田の保全に乗り出したところだ。

近鉄橿原神宮前駅に着くと、稲渕の地元組織NPO法人明日香の未来をつくる会の事務局長になった良叡夫人の高内百合子さんが出迎えていた。稲渕へ向かう車中、一昨年国会議員になったNPO法人大山千枚田保存会の前理事長石田三示さんがいま明日香

オーナー田での収穫作業（奈良県明日香村稲渕）

にいると聞いてびっくりした。良叡さんの墓参りをしたいという連絡がさきほど橘寺にあったという。石田さんも律儀な人で、鴨川での恩義を忘れず奈良に出張した機会に墓参を思いたったのであろう。

石田さんに早速電話を入れ、会合の場所まで来てもらうことにした。棚田オーナー制はどのようにして立ち上げるか、そしてどのようにして自立発展させるかという議論に石田さんにも参加してもらい、実り多い意見交換会になった。会の後、百合子さんに「大山千枚田に伝えたことを今度は豊島の人たちに伝えなさいと良叡さんが石田さんを呼んだのだね」というと、亡夫を思い出しているのか微笑みながら頷いていた。

棚田のまもりびと　第6号　二〇一一年二月二三日　NPO法人棚田ネットワーク　掲載

8　守り人　中屋栄一郎

手作りの休息小屋でくつろぐ中屋栄一郎さん

中屋栄一郎さんは高山市滝町棚田保存会の会長である。その人柄は、皆さんに栄ちゃんと親しみをこめて呼ばれ、屈託のない明るい性格、心は少年のごとく純粋で、なにかを始めると幼児のごとく一心不乱に集中するタイプ。天空の棚田といわれる棚田の保全活動を始めるに当っては、それまで築いてきたホウレンソウ栽培のための土地や施設、機械類など一切を息子さんに譲渡、身一つになって放棄地の復田に没頭している。先祖が残した遺産を守るという旗印を掲げてはいるが、それでいて堅苦しい使命感や悲壮感などは微塵もなく、遊び心が横溢している。作業兼休息小屋や野趣豊かな茶室などはその遊び心が作り出した傑作である。

彼には、通勤途中の女性に運転する車の窓にI love youと書いて口説き一緒になった恋女房の恵子さんがいる。二〇一〇年二月、彼自身に云わせると、その恵子さんをさし

中屋さんが復田した滝町の棚田（岐阜県高山市滝町）

置いて白血姫が彼に横恋慕したという。白血病と聞いただけでも沈痛な気分になるのに、相手を気遣い白血姫が横恋慕したといって茶化してしまう優しさが彼にはある。彼の心中察するに余り有るものがあるが、病魔に立ち向かう強い気持ちも持っているのだろう。

今年、彼の悲願であり、数年前に黄泉の国へ旅立った前棚田保存会長中家文雄さんとの約束でもあった天空の棚田の完全復田が実現することになった。彼は、それだけでは満足せず、新しい試みとして復田した棚田に大粒で美味と評判のコシヒカリの突然変異米「龍の瞳」を栽培するそうだ。大願成就、意気軒昂である。中屋頑張れ、白血姫を蹴飛ばし、更なる目標を目指して邁進せよ。中屋栄一郎万歳。

追記　中屋栄一郎さんは、復田した棚田に「龍の瞳」が植え付けられたことを見届けた後、二〇一一年七月四日に中家文雄さんのもとへ旅立って行った。

棚田のまもりびと　第七号　二〇一一年八月一〇日　ＮＰＯ法人棚田ネットワーク　掲載

7 アジアの棚田

1　世界に冠たる棚田—中国雲南省元陽県

世界に冠たる棚田

棚田は、南アジアのブータン・ネパール、東南アジアのフィリピン・インドネシア・ベトナム・ミャンマー、東アジアの中国・韓国・日本などに広く分布する。ことに、世界遺産に登録されたフィリピン、ルソン島コルディレラ山脈のイフガオの棚田、世界の観光客を集めているインドネシア、バリ島の棚田、世界遺産の登録を目指している中国雲南省元陽県の棚田は世界的にも広く知られている。このなかでも、雲南省元陽県の棚田はその規模や景観の壮大さからみて世界に冠たる棚田といえるだろう。

棚田学会は現地見学会の一つとして雲南省元陽県の棚田見学ツアーを実施。私はその下見をかねて二〇〇五年二月下旬、そして二〇〇五年五月中旬本隊の一員として二度ほど元陽を訪ねる機会をえた。これは、その時の探訪記である。

元陽への道

日本から元陽を訪ねる場合は、雲南省の省都昆明が入口。現在、昆明への直航便はなく、広州または上海を経由してのフライト、夜遅くの到着になる。昆明は、市域人口一六一万人

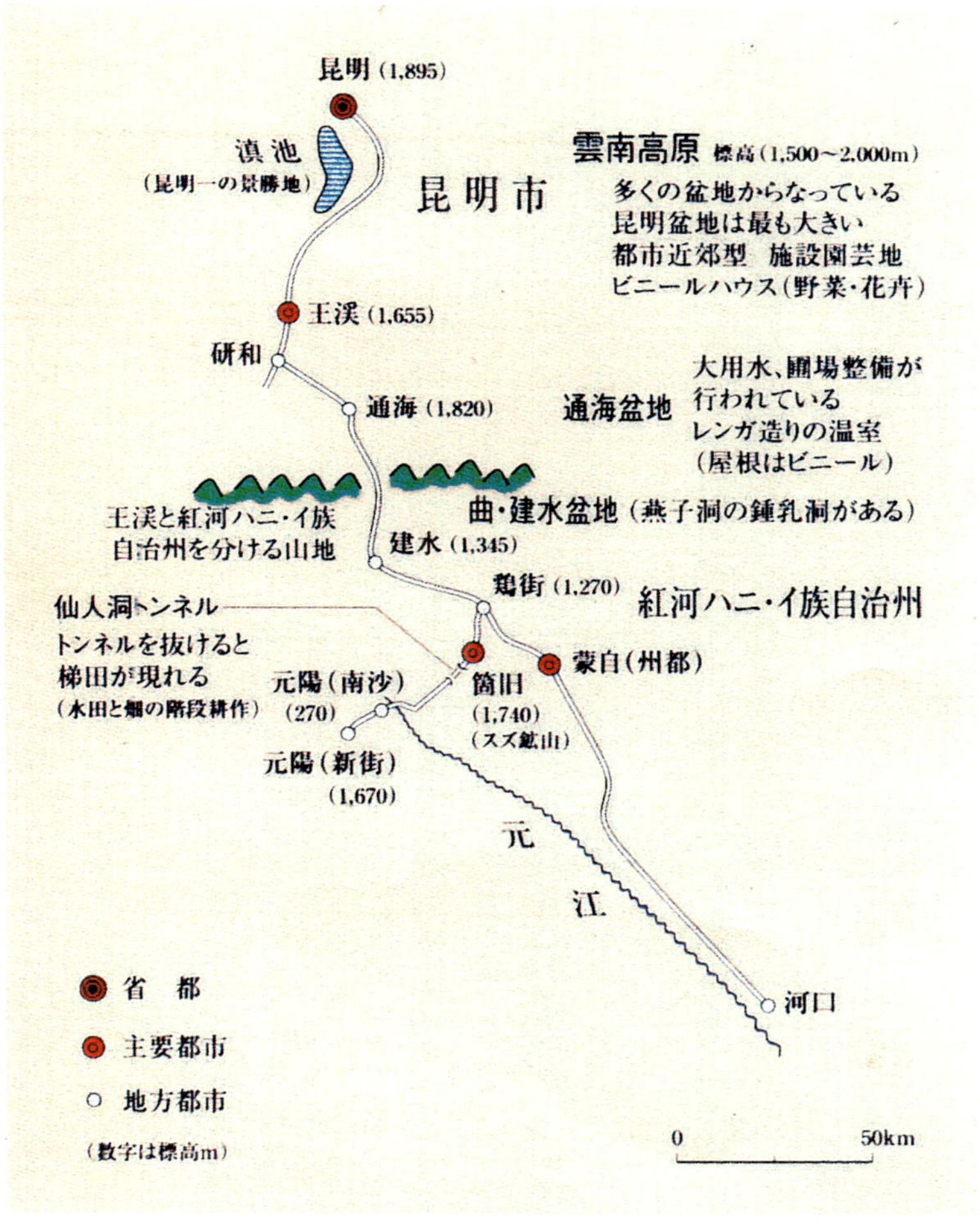
昆明（1,895）
滇池
（昆明一の景勝地）
昆明市
雲南高原 標高（1,500～2,000m）
多くの盆地からなっている
昆明盆地は最も大きい
都市近郊型 施設園芸地
ビニールハウス（野菜・花卉）
王渓（1,655）
研和
通海（1,820）
通海盆地
大用水、圃場整備が
行われている
レンガ造りの温室
（屋根はビニール）
曲・建水盆地（燕子洞の鍾乳洞がある）
王渓と紅河ハニ・イ族
自治州を分ける山地
建水（1,345）
鶏街（1,270）
紅河ハニ・イ族自治州
仙人洞トンネル
トンネルを抜けると
梯田が現れる
（水田と畑の階段耕作）
元陽（南沙）
（270）
箇旧
（1,740）
（スズ鉱山）
蒙自（州都）
元陽（新街）
（1,670）
元
江
河口
省 都
主要都市
地方都市
（数字は標高m）
0
50km

元陽への道

（一九九〇年）の百万都市、四半世紀前に訪ねたときと比べてすべてが大きく、明るくなった感じがした。その位置は北緯二五度、ほぼ台湾の台北と同じ緯度にある。しかし、標高が一八九五メートル、このため平均気温が摂氏一五・一度。一年中春のような気候であるため「四時如春」とよばれている。

元陽は、昆明から南へ距離にして三〇〇キロ、車で走って約六時間ほどのところにある。その行程のおおまかな地形を説明すれば、盆地、小起伏の山地からなる高度一三〇〇～二〇〇〇メートルの雲南高原から、一旦ソンコイ川水系に属する標高二五〇メートルの元江（紅河）の河谷まで下り、再び哀牢山脈に属する標高一六〇〇メートルの山地へ上ることになる。

朝八時三〇分ホテルを出発。安寧と観光地石林を結ぶ安石高速を東へ、すぐに昆明と玉渓を結ぶ昆玉高速に入り南下する。昆明市の郊外はハウスと温室群、近郊園芸地帯という感じである。栽培されるのは野菜類やカーネーションなどの花卉類。二月訪ねたときは露地で栽培される青々としたムギと黄色い菜の花のモザイク模様がきれいであった。玉渓は、タバコの産地として知られる雲南省の主要都市である。

玉渓と元江を結ぶ玉元高速を研和まで走り、わかれて東南方向に転じ通海へ向かう。ここまでが昆明を中心とする大盆地であるとすると、初めて盆地を限る山地に入る。山地といっても盆地床からの比高差は一〇〇～二〇〇メートル程度、丘陵という感じである。山地は樹木が乏しく石灰岩の露頭がみられる。雲南高原は、名勝地石林のカルスト地形からもわかるように広大な石灰岩地域である。このため、土壌は石灰岩が風化した間帯土壌のテラロッサ（ラテン語で赤土の意）。司馬遼太郎は『街道をゆくシリーズ、中国・蜀と雲南のみち』で「素焼きの植木鉢のかけらのような色」と表現しているが、言葉通りの赤土。昆明から箇旧までこの赤い土壌で占められている。

標高一八二〇メートルの通海盆地に入ると貯水池から導水される大用水路が道路に平行に走り、ほぼ等間隔に揚水機場が設置されている。圃場整備が行われ、整然とした耕地。水田での野菜の栽培なので二毛作地なのかもしれない。側壁をレンガ、屋根をビニールで覆った温室までみられ、主要な疎菜園芸地域であることを窺わせる。

通海盆地と曲江・建水盆地を隔てる山地は、行政上玉渓市と紅河ハニ族イ族自治州との境界。建水の標高は一三四五メートルであるから、建水側からみれば、五〇〇メートル以上の比高差がある山地である。元陽県は紅河ハニ族イ族自治州の一行政単位であるが、未だ棚田は現われず、盆地のなかは平坦な農地がひろがる。通建高速から建水と紅河ハニ族イ族自治州の州都がある蒙自を結ぶ建蒙高速に入り、鶏街に至る。ここまで、高速と名のつく道路を走ってきたが、片側二車線以上の立派な有料道路。道路の整備状況は想像以上である。料金は下見の折りに乗った五人乗りの小型車で昆玉高速が六〇元、通建高速が四〇元。名称がかわる度に料金を払っていた。

鶏街は、私の気圧式高度計によれば、一二七〇メートル、雲南高原のなかでは最も低い高度である。ここから、一般道を標高一七四〇メートルにある箇旧まで上って行く。箇旧は、錫城とよばれ、日本の地理教科書にも記載のある世界的なスズ鉱山のある街。労働者が居住する高層アパートが林立し、人口は数十万を数えるものと思われる。

山上の街　元陽県新街

箇旧の市街地から、すぐに長さ二キロの仙人洞トンネルに入り、雲南高原から元江の河谷までの高度差約一〇〇〇メートルを一気に下って行く。トンネルを抜けるとはじめて棚田が現われる。中国では梯田という言葉があり、階段耕作の水田も畑も同じ言葉で表現される。ここでは、その両者がみられ、かなりの規模であるが、哀牢山地の棚田にくらべれば景観は劣っている。元江は日本の大河川なみの規模。河岸まで下ると、ムシムシとした気分。植生も亜熱帯性の様相を呈し、バナナ園が現われる。二月訪ねたとき、道路沿いにみられる大木の攀枝花が赤い花をつけていたのが印象的であった。

標高二七〇メートルの元陽の新市街である南沙に着く。南沙は、元陽県の官庁街があり、行政の中心地である。ここで、紅河ハニ族イ族自治州と元陽県の規模を二〇〇〇年の統計により確認しておくと、自治州は面積三・三万km²。人口三九四万人、水田九・九万ヘクタール

新街の市街地

であり、元陽県は面積〇・二二万㎢、人口三四万人、水田一・二二万㌶である。自治州は面積では近畿地方、人口では静岡県とほぼ同じ。元陽県は面積では東京都の大きさである。

南沙からは、哀牢山地に分け入り標高一六七〇㍍、元陽の旧市街がある新街まで再び上って行く。途中棚田らしいものはみられるが、圧倒される景観の棚田は姿を現さない。やがて、山嶺の尾根に甍が重なる新街の市街地が見えてくる。山の上に堂々たる商店街をもつ街がよくできたものだと感心する。雲梯大酒店ホテルに到着、時刻は一六時三〇分、途中の昼食時間一時間を差し引けば、走るのに六時間を要したことになる。

元陽県の棚田

棚田の分布状況

元陽県の棚田を地図上で確認すると、北西から南東方向に向かって流れる主要河川の元江（紅河）と藤条江に挟まれた哀牢山地に棚田が集中してみられる。二つの河川は、間隔が約三〇キロ、ほぼ平行に流れている。棚田は、これら主要河川の河流ぞいではなく、主要河川の支流、たとえば者那河、麻栗寨河、大瓦遮河、馬龍河、楊系河などの支流沿いに集中がみられる。しかも各支流の途中から分布がみられることは、標高の低い本流沿いではなく、ある程度の高度、六〇〇～八〇〇メートルあたりから蜜に分布していることを示している。その分布は、標高と気候との組合せにより三つの地域にわけられるといわれる。すなわち、八〇〇メートル以下の熱帯河谷、八〇〇～一九〇〇メートルの亜熱帯山地、一九〇〇メートル以上の暖温帯山地の棚田である。このなかで、亜熱帯山地に集中して棚田の分布がみられる。

元陽県の三大棚田

これらの棚田を二月に四日間、五月には二日間にわたり見学。その結果、元陽県の三大棚田を選びだした。すなわち、①埧込からみる麻栗寨河最上流部の棚田、②多依樹からみる大瓦遮河最上流部の棚田、③猛品からみる阿猛控河最上流部の棚田の三つである。二月はどの棚田も水を湛え、いつでも田植ができる状態、五月は一部を除き、ほとんどの棚田で田植が終わっていた。

第一の埧込からみる棚田は、ホテルを出て新街の市街地を抜け、緑春県に通ずる元陽峠に向って南へ、さらに上って行く。中国には峠という言葉がないので私が勝手につけた名称である。峠の手前、勝村への分岐点近くにある箐口まで来ると、棚田が姿をあらわす。その位置は元江の支流、麻栗寨河の最上流部に当たる。北に口を開いた馬蹄形状の谷を囲む周りの山々は高さが二〇〇〇～

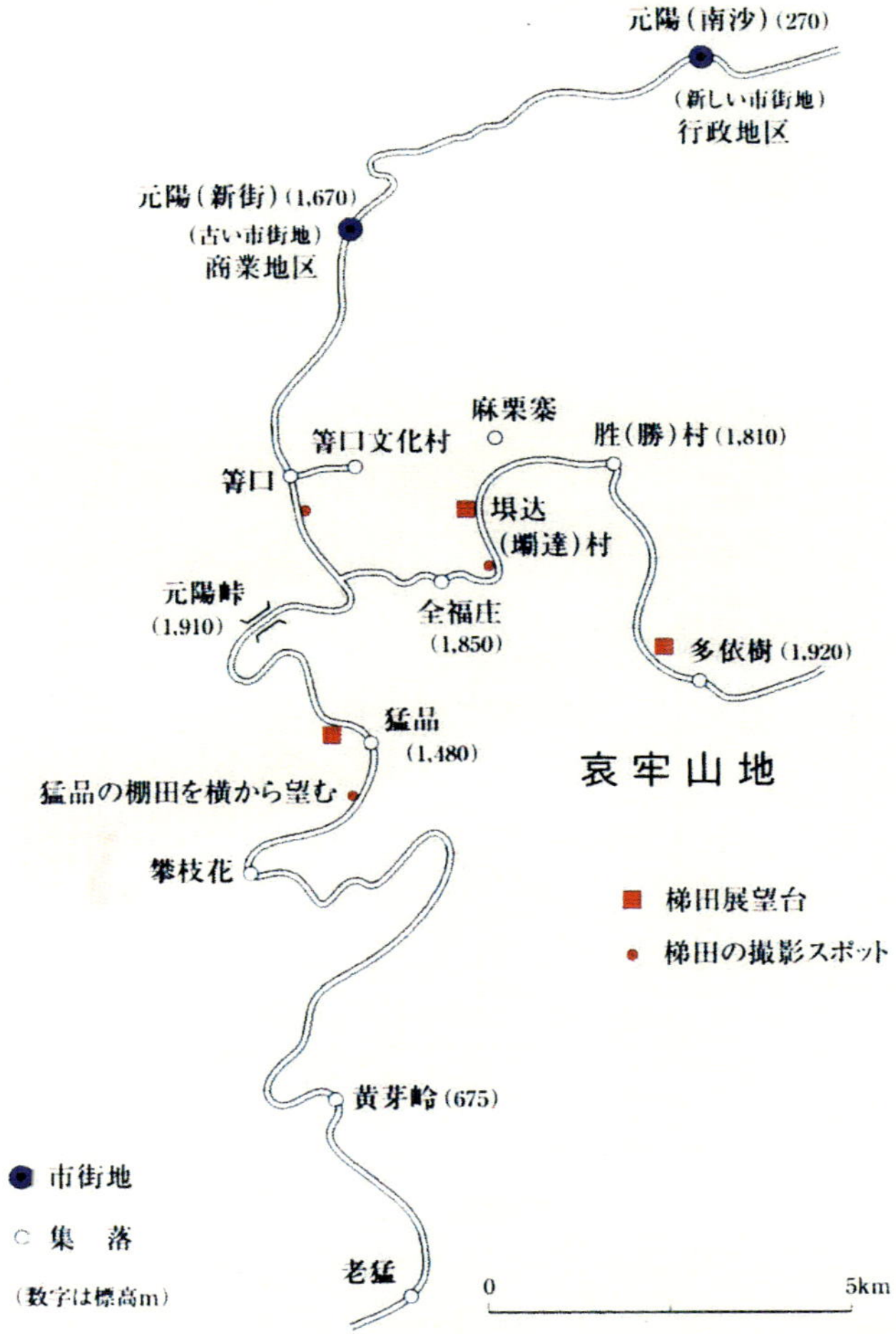
元陽（南沙）(270)
（新しい市街地）
行政地区
元陽（新街）(1,670)
（古い市街地）
商業地区
麻栗寨
箐口文化村
胜（勝）村 (1,810)
箐口
垻达
（壩達）村
元陽峠
(1,910)
全福庄
(1,850)
多依樹 (1,920)
猛品
(1,480)
猛品の棚田を横から望む
哀牢山地
攀枝花
梯田展望台
梯田の撮影スポット
黄芽岭 (675)
市街地
集　落
（数字は標高m）
老猛
0
5km

元陽県の三大梯田

埧込からみる棚田（1）

二三〇〇メートル、その斜面一八〇〇〜一九〇〇メートルのところに幹線道路が走り、大きな集落が立地している。集落から山の頂上にかけてが森林と畑、集落から下の谷に向けて棚田が拓かれている。馬蹄形の西側の先端に新街の市街地、基部に箐口の集落、東側の先端に麻栗寨の集落、その中間に埧込が位置し、南側の曲線を描く部分に全福庄の集落がある。

埧込の展望台から眺めると、左から右に傾斜する東西の幅三キロ、南北の長さ六キロの巨大な馬蹄形状の谷の斜面が一面棚田で埋めつくされている。見える範囲でも標高一八五〇メートルに位置する全福庄から標高一四〇〇メートルあたりの谷底まで二五〇段近くの棚田が数えられる。かりに、標高八〇〇メートルまで棚田が続いているとすると、段高平

埧込からみる棚田（2）

均二メートルで五〇〇段以上の棚田があることになる。傾斜五分の一、面積九二四ヘクタール、棚田一枚の大きさを三アールとすると三万枚以上。「千枚田」ではなく、「万枚田」である。壮観というか、言葉を失うほどの景観である。集落より上は、耕地は畑、すぐに森になっている。森は鬱蒼とした森林というより疎林という感じ。棚田に下りてみると、貯水のためと、農道がないためか道のかわりにもなる畦はしっかりとつくられている。幅は三〇～五〇センチ、高さは三〇センチ以上、五月箐口の棚田では水深が二〇センチほどであった。段高は一～五メートル、二メートル前後のものが多いように思われた。法面は土坡が大部分、一部石積みもみられる。一枚の大きさは〇・五～五アール、二～三アールものが多く、形は等高線状の細長い棚田である。

多依樹からみる棚田

箐口の棚田では、棚田の中央部の数列、イネが植えられていない部分がみられた。まるで定規で線をひいたように十字になっているところ、列の中央のところに円を描くものもあり、目を引く文様をつくりだしている。農民の説明によれば、コイを養殖するのに水深を深くするため、堀が掘られているとのことである。

第二の多依樹からみる棚田は元陽峠の手前、箐口で左折、車での通行には抵抗のある砕石道路に入る。麻栗寨河最上流部の馬蹄形状の谷に沿う全福庄、坝込を通り、次の谷の入口に当たる勝村を過ぎると姿をあらわす。その位置は、麻栗寨河の東隣を流れる元江の支流、大瓦遮河最上流部の馬蹄形状の谷に拓かれている。北に口を開く馬蹄形の西端基部付近に多依樹、東端基部付

猛品からみる棚田

近に大魚塘の集落がある。ともに標高は一九〇〇メートル前後、取り囲む山々は二二〇〇～二九〇〇メートル、急峻な山容が印象的である。展望台から眺めると、集落のある辺りから左に傾斜する東西の幅三キロ、南北の長さ五キロの谷を棚田が埋めている。傾斜五分の一、面積六六〇ヘクタール、垻込からみる棚田よりやや規模は小さいが、馬蹄形状の谷や集落、棚田の形態などよく似ており、遜色のない景観である。ただ、取り囲む山々は高く、林相の緑もやや濃く感じられる。しかし、日本にくらべれば焼畑の影響か、一般に林相は貧弱である。このため、山に緑を取り戻すキャンペーンを展開、いたるところに「退耕還林」のスローガンが掲げられていた。

　第三の猛品からみる棚田は、標高一九一〇メートルの元陽峠を越えた南、峠から

役畜として使用される水牛

四〇〇メートルほど下った藤条江の支流、阿猛控河最上流部の河谷にみられる。前二者とは全く景観の異なる棚田である。標高一四八〇メートルの猛品の展望台からみると、比高差約三〇〇メートル、ほぼその直下にひろがる棚田は緩斜面にあるということもあり、平坦地の水田かと思われるほど。二月に訪ねたときは水を湛えた田面がガラスのように光り、それを縁取る曲線の畦によってつくりだされる文様は色のないステンドグラスの装飾窓のようにみえた。通訳のガイドが、「先端部分の棚田は走る馬のように見えませんか」という。見る角度によって感じは異なるが、展望台のほぼ中央から正面にすると、たしかに鬣をなびかせて疾駆する駿馬のように見える。攀枝花に向って下り、猛品の棚田を横からみると、階段状になった棚田であることがわかる。傾斜七分の一から八分の一、面積四五五ヘクタールで三者のなかで規模は最も小さいが、特徴のある棚田である。

大きな畦を塗る農夫

元陽県の棚田耕作について

耕作は、畜力の利用はみられるが、いまだ人力が主体である。代掻きは、五月作業が遅れている全福庄の棚田で行われていたが、小さな水牛が一頭、小さめの犂を引いていた。宇都宮大学の水谷教授によれば、インドネシア・バリ島の棚田では二頭の水牛が大きな犂を引くのが一般的とのこと。多分、棚田一枚の大きさの違いによるもであり、元陽の棚田は小さいからであろうという説明であった。

畦塗り、地ならし、田植え、稲刈、脱穀などすべて人力である。田植えは後退しての手植え、植えられている苗は葉齢六、長さ六〇㌢、一本植えで、長い苗は半分が水の上に横たわっていた。村のなかを竹篭に苗を背負い運んでいる姿がみられた。呉亜民さんの写真集『大地の彫刻』によれば、稲刈は湛水した状態で行われる。このため、根元から一〇㌢ほどのところから刈り取り、切株の上に稲束を載せ、

手植えによる田植え

これを棚田に持ち込んだ木箱の側壁に打ちつけて脱穀が行われる。

棚田は年中湛水した状態。写真集の九月稲刈時、一一月、一二月、一月の写真、および二月に訪ねた時、すべて棚田には水があった。収穫作業を容易にし、収量を上げるためには排水して乾かしたがよい。しかし、そうしないのは地割れして崩壊するのを防ぐためともいわれるが、主たる理由は用水の確保にある。この地域はケッペンの気候区分ではCw気候。すなわち、温帯夏雨気候、雨は五月～一〇月に集中して降り、一一月～四月はほとんど降らない。このため、九月排水してしまえば、乾季に入り、五月の田植までに数百段の棚田を湛水させるのは容易ではなく、年中湛水した状態にしておくものと思われる。

用水路は存在するが、背後の山林が貧弱なため水量は十分ではなく、溝長により厳重に管理されている。全福庄では、民主的な方法で二人の溝長が選ばれ、水管理の専従者になり、水路の管理、配水、盗水の監視などを行う。受益農家は、六〇アール当たり三七・五キロの米を水利費として溝長に支払わねばならない。また、盗水の罰則として村人全員に飼っているブタを提供してご馳走しなければならないそうだ。

新しい取組みとして進められているのがバイオマス事業。全福庄では、二〇〇五年五月現在政府の助成によりブタの糞尿を処理するバイオマス槽が五〇〇か所設置されているという。一部は人糞も一緒にして発酵処理が行われ、発生するガスは家庭用の燃料にされる。そして、廃液は家庭用排水とともに用水路に流し込まれ、水田の肥料になるという仕組みである。持続的な農業の一つとして高く評価されるものであろう。

世界遺産への登録申請

紅河ハニ族イ族自治州政府は、世界に冠たる棚田景観を保全する取組みを始めている。すなわち、二〇〇一年に棚田を保全する暫定的な管理規則を制定、その全文を三大棚田の展望台付近に掲示し、二〇〇二年に世界遺産への登録を申請した。

管理規則の内容をみてみると、ハニ族をはじめとする少数民族が耕作する元陽・緑春・金平・紅河四県の棚田が対象になり、適用地域を設けている。適用地域は元陽・緑春・金平・紅河四県の全域をバッファーとしての調整区、市街地のある新街・勝村・牛角寨・攀枝花を保護区、棚田の集中がみられる垻込・多依樹・猛品・麻栗寨を中心区として区分。規制は、中心区が最も厳しく、「棚田の用途を変更したり、二年続けて耕作しなかった場合は当局が回収し、別の人に耕作させる」、「森林の伐採を制限する」、「ラジオ・テレビ・電気などの電線は地下に埋設しなければならない」、「石や砂の採取など地形を改変する活動を禁止する」など細かくきめられている。

これらの規制が農民によって遵守されているかどうかはわからないが、少なくとも世界遺産への登録に向けて、政府が棚田保全の姿勢を示したものと受けとめることができる。今後の課題としては、沿海部の経済先進地域への出稼ぎによる若者の流出や労働力の高齢化などにより耕作放棄が進むであろうし、所得の向上にともなう機械化の進展により農道や圃場整備の要求が高まることなどが予測される。そのときに、景観の優れた棚田を保全していく上で、どのように対処、調整していくかが重要な問題になるものと考えられる。

雲南省元陽県の棚田　棚田学会現地見学会報告　二〇〇六年四月一日　掲載

2　韓国随一南海島の棚田―慶尚南道南海郡南面加川里―

韓国の行政単位は、道が日本の都道府県、市と郡は同じ、面は町村、里は集落に当たる。慶尚南道は朝鮮半島の南東端、釜山・大邱・ウルサンの三広域市をかかえる韓国でもソウルの後背地京畿道につぐ重要な道である。南海郡は、慶尚南道の南西端に位置し、本土とは一九七三年架橋の南海大橋によって結ばれているが、島として独立している。南面は南海島の南西端にある村、その最南端にあるのが棚田のある加川里《カチョンマール》、対馬海峡に臨む集落である。

二〇〇九年八月、加川を再度訪ねた。最初は二〇〇六年六月棚田学会の現地見学会、今回は二〇〇八年度の全国棚田サミットに来日した加川の人たちに招待された長崎県雲仙市の農家の人たちに同行しての再訪である。福岡に集合した一向は釜山の金海空港へ飛び、出迎えた韓国農村経済研究院の金教授と合流、南海郡提供のバスに乗り加川へ向かう。バスは、南海高速道を疾走、辰橋から一般道を南下して南海大橋を渡り、南海郡に入る。空港からここまでほぼ三時間を要した。

南海郡は、ローマ字のHに似た形をした南北四〇《キロ》、東西二〇《キロ》の島。標高三〇〇～五〇〇《メートル》の丘陵性山地と小河川がつくる沖積地からなり、最高所は望雲山の七八六《メートル》、海岸は多島海に面している。その風光明媚な景観とニンニクの特産地であることから「宝の島」ともよばれている。島内では比較的勾配のゆるい棚田とその水源になる溜池が随所にみられ、水田が主要な地位を占めていることがわかる。島の中央部にあるニンニク博物館を併設する南海郡農業技術センターに立ち寄り、係長の李さんから南海郡の概要について説明を受けた。南海郡は、人口が約五万人、九つの面と二二一の里があり、自然豊かな土地での農漁業と観光で生きる島だという。島には工業団地が一つもなく、このため、架橋前には一三・五万人だった人口が半分以下に減り、高齢化率は二八％とのこと。耕地は七〇〇〇《ヘクタール》、そのうちの四〇〇〇《ヘクタール》が水田、三〇〇〇《ヘクタール》が畑。農産物は水稲、ニンニク、ホウレンソウ、ユズ、肉牛など。主要農産物のニンニクは生産量の二〇％は畑、八〇％は

対馬海峡に臨む加川里の棚田（韓国慶尚南道南海郡南面）

水田裏作により栽培。ニンニクは、水田裏作では連作が可能になり、一〇アールの粗収入は水稲の約二倍に当たる四一万ウォン（三万二八〇〇円）になるそうだ。

夕方、加川に到着。里長の李暢男さん六〇歳の出迎えをうけ、早速棚田を案内してもらった。棚田は、対馬海峡に臨む傾斜四分の一から五分の一の斜面を占めている。背後の山が標高四七二メートル、その中腹の標高二〇〇メートル辺りから海岸に近い二〇メートルの辺りまで棚田になっており、なかほどの六〇～一二〇メートルに集落が立地している。急斜面に拓かれた棚田が海岸近くにまで迫る風景は日本でもあまりみられない景観。この景観が加川の棚田を韓国一にしているのであろう。蜜柑色や露草色、墨色などの屋根をいただく民家は中央部の浅い谷沿い集

加川里の集落

まり、それを取り囲むように棚田が広がっている。面積四二ヘクタールのうち耕作されているのはおよそ半分の二三ヘクタール。枚数六八〇枚、一〇八段の棚田があるというが、水田として利用しているのはさらにその半分ほど。畑として利用している棚田がかなりみられる。一枚当たりの平均面積三・四アール、段高平均一・七メートル。実際には三〜四アールの広さで、石積みの法面の高さが一〜二メートルの棚田が多い。石積みは、一部平積みになっているが乱れているものが多かった。

棚田のなかに観光客が散策する道路は設けられているが、農道は未整備で基本的には人が歩くほどの道しかない。したがって、作業は牛耕、手植え、手刈りで行われている。ただ数台の牽引型耕耘機が集落内でみられたので、一部で耕耘機が利用されているものと思われる。乗用車は数台見かけたが、作業用の軽トラックはまったくみられなかった。

　集会所に戻ると、開発委員長の金学奉さん六四歳をはじめとする集落の役員が集まり、炊事場ではわれわれを持て成すため奥さんたちが料理をつくっていた。里長の李さんは七枚、四〇アールの棚田、金さんは一五枚、七〇アールの棚田を所有、ともに二毛作により水稲とニンニクを栽培する専業農家である。李さんの説明によれば、加川は戸数六六戸、人口一五四名というから一戸当たり二・三名、若い人を見かけなかったので高齢者夫婦だけの世帯が多いものと思われる。海に面しながら港がないので、農業に依存する生活で、国による活性化事業が行われるまでは一戸当たりの年収が二〇〇〇万ウォン（一六万円）にすぎない貧しい村だったそうだ。

　国は加川を韓国随一の景観を誇る棚田のある集落と位置づけ、これを観光資源として活用する事業の展開を進めたのである。農家に負担を求めず、回遊道路や駐車場の建設、民宿のシャワーつきトイレ・キッチン・客間などの改修に五年間で二六億ウォン（約二億円）を投下した。農家民宿は二七戸、一戸当たり一三～一四名を収容、全体で三七〇名を受入れることができる。訪問団も民宿に分宿したが、シャワーのついたトイレは水洗、キッチンはステンレス、客間はオンドル部屋になっており、簡単なドレッサーと冷蔵庫、テレビなどが備えつけられていた。民家全体が清潔であり、国内の観光客には十分な施設だと思った。さらに、二〇〇五年には文化庁が棚田を名勝に指定、知名度が上がるとともに、案内板の設置や四阿の建設など各種の施策が展開されるようになったとのことである。

これら事業の結果、来訪者は二〇〇二年年間二〇〇〇名にすぎなかったものが、二〇〇八年には一日平均六三〇名、年間二三万名に急増。宿泊者も年間三万五〇〇〇名を数えるそうだ。われわれが訪ねた日も駐車場には観光バスが止まり、夕暮れ時なのに散策する若いカップルを大勢みかけた。料金は宿泊が一万ウォン（八〇〇円）、食事が五〇〇〇ウォン、田づくり・田植・稲刈・ニンニクの芽の摘取りなどの農業体験料が二〇〇〇〜一万ウォンというから、売上げは少なくとも三億五〇〇〇万ウォン（二八〇〇万円）以上になる。

棚田自体を活用した取組みとしては金教授の指導により、二〇〇六年から始まった棚田トラスト制度がある。これは、全国から会員を募り、会費五万ウォンで棚田保全に協力すれば、特典として米五キロ、ニンニク五キロのほか野菜類が届けられるという仕組みである。農家はこれら農産物を提供するかわりに一口四万ウォンを受取ることができる。残り一万ウォンは集落で留保され、活動費にあてられているそうだ。二〇〇八年の口数は七〇〇口、二〇一〇年には二〇〇〇口にしたいと意気盛んであった。こうした事業や取組みにより農家の収入は二〇〇二年当時の二〇〇万ウォンから二〇〇八年には一〇倍の二〇〇〇万ウォン（一六〇万円）になったとのことである。

里長の李さんは、一連の事業や取組みにより、住民の棚田を見る目が変ったと仰しゃる。以前は苦労するばかりで役に立たないものと考えていたが、最近は棚田を活用することを考えるようになった。たとえば、水田やニンニク畑での農業体験になる作業を考えたり、一番小さい棚田を探す棚田ツアー、廃校を利用して室内で行うワラ細工体験などを企画したりするようになったという。

民宿を経営する農家

オンドル式の床になっている民宿内部

シャワー付きトイレ

リピーターを増やすための新しいプログラムを作ることや耕作放棄地の再利用など課題は多いが、それを克服する自信があり、加川里の未来が明るいことを確信しているようであった。

私は、加川がこの三年間に大きな発展をとげ、多くの来訪者や宿泊者を受入れていることに驚いた。日本には加川より優れた景観の棚田がたくさんあるのに、年間の来訪者は多くても数万人止まり。日本を代表する活発な取組みで知られる鴨川市大山千枚田でさえ、二〇〇八年度の来訪者は一万九七九二人にしかすぎない。これは、国や行政の施策の違いによるもと考えられる。韓国では棚田を観光資源として位置づけ、他の観光施設や体験プログラムとの連携により、来訪者の増加を

図るという明確な目標をもって施策が展開されている。

これまで述べたように、国は集落内の回遊道路の建設や民家を民宿とするために客間、シャワーつきトイレ、キッチンなどの改修を全額補助で行なってきた。また、南海郡は島内一六の里に各種施設の建設や農漁業体験プログラムを立上げ、観光スポットとしての拠点づくりを行っている。そのなかの三か所を訪ねてみた。

漁業体験をさせる夫婦船

廃校を利用した芸術村

第一は南海郡の中心市街地近くにある郡営の南海国際仮面公演芸術村。廃校になった校舎を国から八〇％の補助金をえて全面的に改修、洒落たホールといった空間がつくられている。ここに日本の能面など世界の各種マスクが展示され、夏、冬には仮面劇が演じられる。入場料大人二〇〇〇ウォン、青少年一五〇〇ウォン、子供一〇〇〇ウォン、専任職員四名、パート職員四名、年間来客数は一〇〇万人というから驚きである。

第二は島の東部にある個人が経営する日の出芸術村。同じように廃校を利用。高校を退職した先生が郡の援助をえて廃校を購入、現在も改装は進行中とのこと。かつての教室毎に工芸作品や陶芸作品、全国の作家から寄せられた絵画などの芸術作品などが展示・販売され、販売額の数パーセントが芸術村に寄付されるという仕組み。また、作品をつくる体験教室もひらかれていた。入場料大人二〇〇〇ウォン、子供一〇〇〇ウォン、従業員一四名、年間来客数三五万人という手作り感のある施設である。

第三は新興里が行っている漁業体験プログラム。戸数一〇六戸で組合をつくり、二〇隻の体験船を持っている。体験料は大人子供共通で一万五〇〇〇ウォン、宿泊料は三食つき四万ウォン、入込客年間一万二〇〇〇人とのこと。われわれも刺網によるコハダ漁を体験した。小型動力船の夫婦船、三回網を入れ夫婦で操船しながら網を上げる。一回が一〇分程度、一回目〇匹、二回目一匹、三回目一五匹を捕獲。これを船から上がると早速捌いて刺身や天ぷらにして食べさせてくれる。波静かな内湾での漁で、船上の爽快な気分を味わい、漁への期待もあり結構楽しめた。

このような施設や体験プログラムが周辺地域にあり、これらと連携して加川里の棚田は存在する。したがって、加川里の棚田のみを目指して観光客が訪れるのではなく、周辺地域の施設や体験プログラムと組合せることにより、その豊富なメニューに魅力を感じて多くの観光客が訪れているものと考えられる。

棚田に吹く風　Vol八二二〇一二年五月号NPO法人棚田ネットワーク　掲載

3　韓国・青山島《チョンサンドウ》のグドルジャン棚田

韓国の青山島は、韓国南西部全羅南道莞島《ワンドウ》郡にあり、対馬海峡を挟んだ対岸、長崎県平戸島の四分の一ほどの小島である（図1参照）。昨年の棚田学会総会シンポにおいて、千賀研究室の出身である韓国忠南発展研究院の研究員劉鶴烈さんにより青山島のグドルジャン棚田が紹介され、これに興味をもった会長の千賀裕太郎さん、理事の今井英輔さん、会員の高木宏明さんと私の四人で青山島を訪ねることになった。

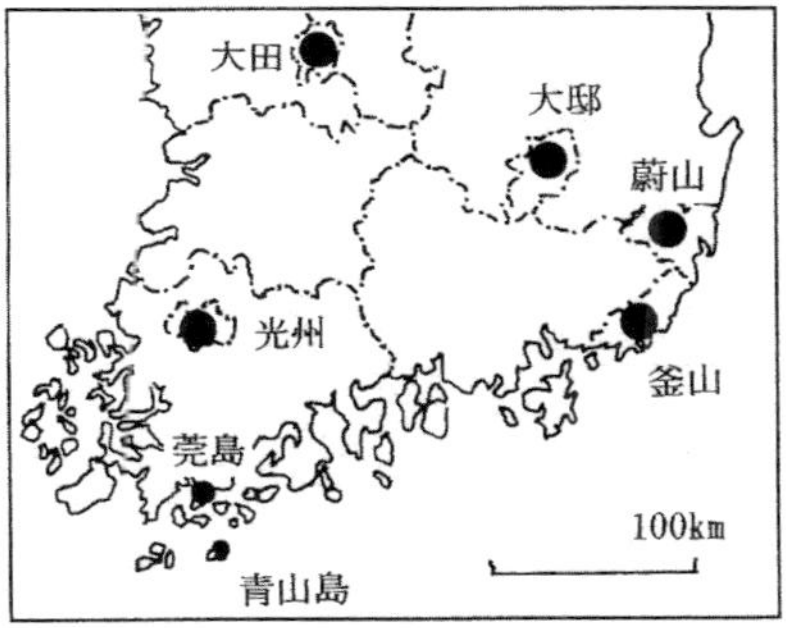

図1　青山島の位置図

行政所有の連絡船

グドルジャンとは韓国の暖房施設オンドルに用いられる平板な石（Flat wide stone）のことであり、これと同じような石を天井石として用いた灌漑・排水施設の横穴・横井戸・暗渠を備えた棚田のことをグドルジャン棚田とよんでいる。日本では、百選の棚田でもある大阪府能勢町長谷《ながたに》に同じような横井戸があり、面積七・四ヘクタール、一二〇〇枚の棚田に一〇〇ほどのガマと呼ばれる横井戸のあることが知られている。

二〇一三年一〇月、四人は成田からKorean Airの直行便で済州島に飛び、劉さんと合流、大型フェリーに乗り換え、その日の夕方には本土の海港莞島に到着した。港で千賀さんの旧友韓国農漁村遺産学会の会長、協成大学校教授の尹源根さんと合流、行動をともにすることになった。

莞島は、全羅南道南西部と済州島を結ぶ主要港の一つ。港は平戸港より大きく、施設も整備されている感じだが、町の規模や景観は平戸の市街地と似たようなもの。ただ港の近くには海鮮料理の看板を掲げる食堂が軒を連ね、観光地としても賑わっているようだった。目指す青山島は、莞島の南二〇キロの海上にあり、一日に夏季五便、冬季四便の定期船が運行されている。

グドルジャン棚田がみられる島の中央部

われわれは、翌朝行政が所有する定員一〇名前後の小型船で青山島へ向かう。島は行政的には全羅南道（県）莞島郡青山面（村）である。村有の船では案内役を務める青山面面長（村長）の Park Byung Soo さんと村のコンサル Hwang Gil Sik さんの二人が乗り込み、われわれを待っていた。早速、会議室風の船室で二人の案内役による村の紹介が始まった。

青山面（村）は、面積四二・七㎢、人口二五八九名、世帯数一三六七。一九六〇年代には人口が一万二〇〇〇人を超えていたが、近年急速に過疎化が進み、一世帯当たりの人口は二名以下、高齢者の世帯が多いという。日本と同じような状況にあるようだ。

生業は農業と漁業、両者を兼ねる半農半漁はなく、そのほかに民宿や飲食業などのサービス業が少々みられる程度。農業は水田耕作が中心、水稲とニンニクの二毛作が行われ、耕起には共有のウシかトラクターが用いられる。経営規模は二〇《アール》〜二《ヘクタール》、経営規模の小さい農家は小作農になっている。漁業は沿岸漁業を中心とし、ことにアワビ、サザエなどの養殖が盛んである。農漁業と他の業種との兼業は離島のためほとんどみられないそうだ。主眼のグドルジャン棚田については現地の棚田を見ながら説明を受けることになった。

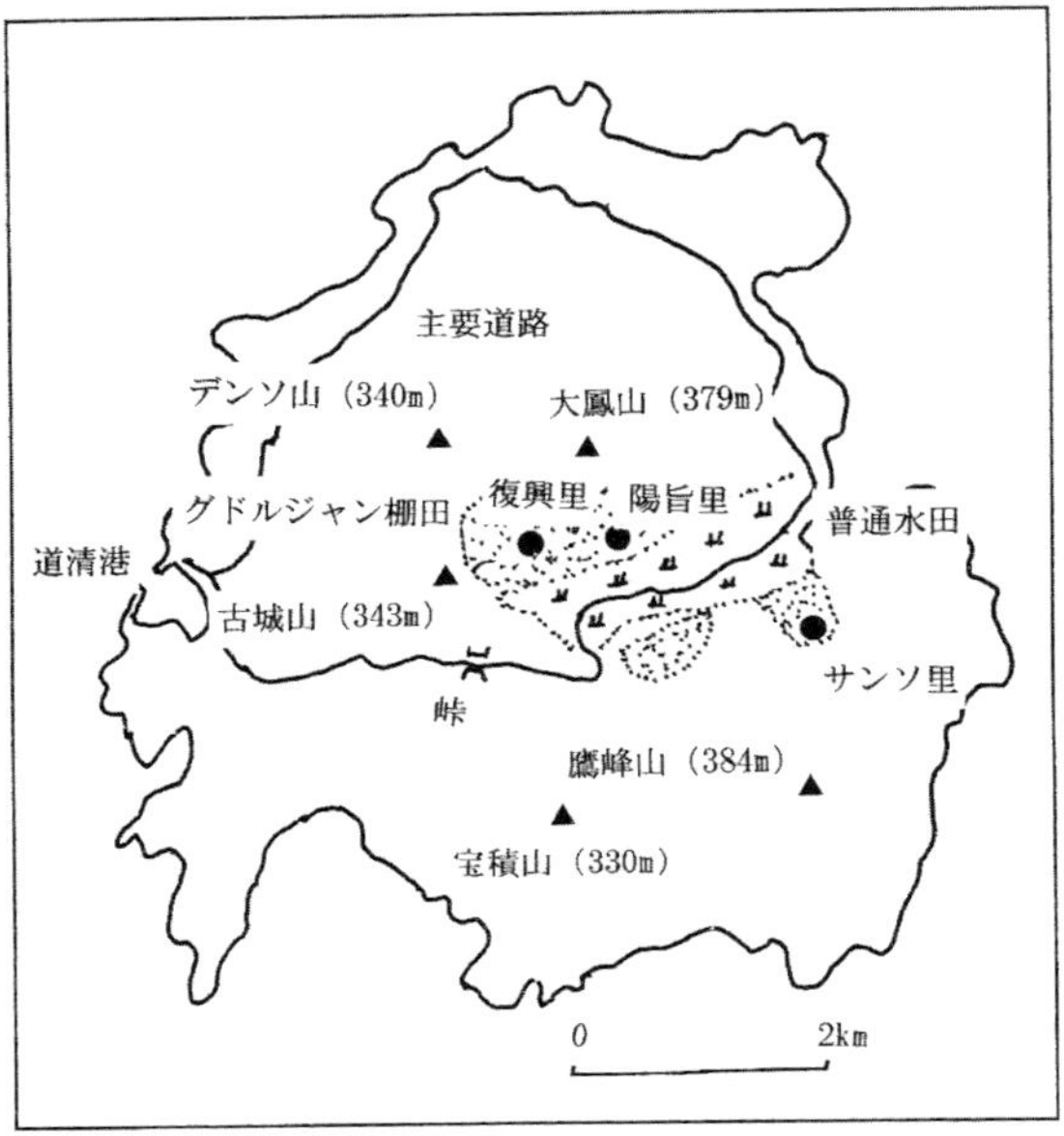

図２　青山島の概念図

船は、ほとんど揺れることもなく、養殖か生簀の筏が浮かぶ瀬戸内海のような波静かな多島海を滑るように走り、四〇分ほどで漁港をかねた島の港に着いた。島の東部は、標高三五〇《メートル》前後の五つの低山がコの字状に配置され、その中央部が谷底平野になっている。村の車ですぐに出発、東の海に向かってひらけた谷底平野が一望できる峠に到着した。峠からは、クロマツで覆われた山地中腹、標高一五〇《メートル》あたりから傾斜八分の一ほどの斜面に棚田、谷底の平坦地には普通水田がひろがる景観を見渡すことができた（図２参照）。

棚田は、谷底平野のなかに点在する集落単位の地名復興里、陽旨里、サンソ里の三集落でみられ、急峻な斜面に拓かれた日本の棚田を見慣れた目からすればかなり緩い傾斜地にあるように思われる。一枚の大きさは三～二〇アール、五アール前後のものが多く、傾斜が緩い分、棚田としては面積が大きい。法面の石積みは、高さが七〇センチ～三メートル、一メートル前後のものが多く、大部分が一辺二〇～五〇センチの切石が用いられている。全体的には粗雑に積まれた乱れ積みなので美しさは感じられない。

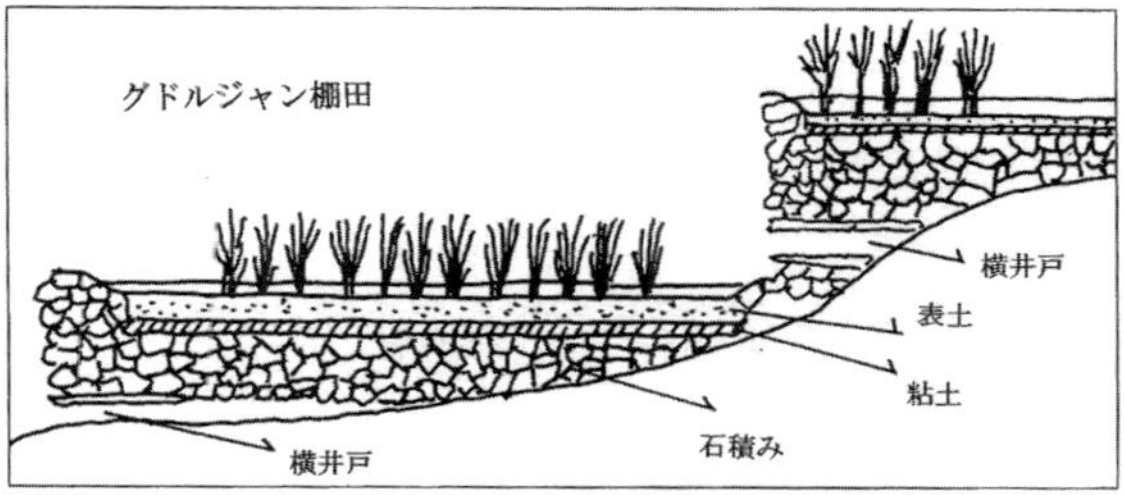

図3　クドルジャン棚田断面図

　このような棚田のなかに横井戸は設けられている。比較的平坦地に近い棚田の下段に多く、一区画の棚田に一～三か所の横井戸がみられる。横井戸は、穴口が縦横三〇×五〇センチの大きさ、奥行が数メートルほどである。グドルジャン棚田の断面は四層からなり、第一層が厚さ二〇～三〇センチの表土層、第二層が厚さ十数センチの粘土層、第三層が横井戸の天井石を含む積石層、第四層が基盤層になっている（図3参照）。

　グドルジャン棚田が生まれた背景は地域の水不足にある。小さい島で高さが三五〇メートル程度の低山、しかも保水力に乏しい松林であるため、棚田と普通水田を賄う十分な灌漑水の確保が困難な状況にある。水源は渓流の河川水と五～六人の共同で所有する小溜池に依存している。このような水の需給状況のうえに、砂質土壌で透水性が高く、用水が地下へ浸

グドルジャン棚田

透するため、上段の棚田の浸透水を横井戸で集め、下段の棚田の灌漑水として利用するため独特の構造をもつグドルジャン棚田が設けられたものと考えられる。

住民は、水不足、食糧不足になやまされたため、近年に至るまで麦飯、芋飯、さつまいもを常食としてきた。米は貴重なものと考えられ、「結婚前の女性が一八リッターの米を手にすることができれば幸せだ」という諺がある。また、各村には神社があり豊作を祈願、旱魃の時には雨乞いのため、山頂で火を焚くそうだ。このような習俗とも結びつきグドルジャン棚田は、韓国において特異な水田として注目されているのである。

島では、コンサルを入れ、グドルジャン棚田を目玉にした観光地化を図るとと

石積み壁の民家

もに、世界農業遺産登録にむけての取組みが進められている。グドルジャン棚田のある三集落の中心には交流施設が設けられ、数台の大型観光バスが駐車していた。その乗客であろうか、整備された高い石積み壁の民家が並ぶ集落内の道路を三々五々連れ立て歩く姿がみられた。

昼食は廃校になった小学校をリフォームした食堂でとった。メニューは地元の食材を使った韓国料理、料理人やサービス係りの人は地元の農婦らしい人たちであった。食堂になった廃校は、フラットな屋根の部分に独立した直角三角形に近い形の宿泊施設が設けられ、食堂の隣の部屋はコンサルが会議室まで備えた事務所として利用、地域活性化のための活動拠点になっていた。

最後に立ち寄った港が見える展望台は、四阿風の建物のほか、映画「風の丘を越えて」やKBSドラマ「春のワルツ」で用いられたオープンセッ

廃校を利用した郷土料理レストラン

廃校の屋上に設けられた宿泊施設

映画やテレビドラマに使用されたセット

トの建物がそのまま残され、観光資源として活用されていた。このように、韓国では棚田だけでなく、その他の観光資源と組み合わせた取組みが展開されている。数年前に訪ねた慶尚南道南海郡南面加川里においても、棚田だけでなく廃校を利用した博物館や農漁業体験と組み合わせた取組みが行われていた。こうした取組みにより、青山島の観光は、入込客数が三年間で三〇万人に達するほど盛んになったといわれる。グドルジャン棚田(横井戸を備えた棚田)だけでみれば、大阪府能勢町長谷や岐阜県恵那市坂折の棚田が韓国の棚田よりはるかに景観的に優れている。しかし、観光資源としての利用では日本は著しく遅れており、韓国を見習うべきであることを痛感した。

棚田学会誌　日本の原風景・棚田　第一五号
棚田学会　二〇一四年7月三一日　掲載

4　バリ島の棚田

火山と湧水

バリは、日本の愛媛県に匹敵する面積五六〇〇㎢に、およそ三〇〇万人の人が住む火山島であり、厚い火山灰に覆われている。島を東西に横断するようにして幾つかの火山が並び、そのうちのバツール（Batur）山と最高峰のアグン（Agung　三一四二メートル）山は活火山である。また、バツールとブラタン（Bratan）の二つのカルデラがあり、そのなかにバツールやブラタン、ブヤン（Buyan）、タンブリガン（Tamblingan）などのカルデラ湖がある。

これらのカルデラ湖は、年平均三〇〇〇ミリ以上の降水量をうけながら流出口がなく、湖岸や湖底から浸透して火山斜面や山麓部で豊かな湧水となって流れ出している。湧水地点は、標高八〇〇メートルあたりからみられるようになり、主要なものだけでも全島で五〇〇か所以上、およそ一〇㎢に一つの割合で分布していることが樫根（一九九二）らによって確認されている。地域的には、バツールカルデラの標高三〇〇〜八〇〇メートルの南斜面と北部中央部の標高一〇〇メートル以下の海岸地域に集中した分布がみられる。

水田の分布

バツール湖とアバン山

湧水からは多くの河流が生まれ、厚い火山灰の斜面を刻み込んだ深い谷がつくられている。これらの河流が水源となり、斜面から平地にかけて一面に水田がひらかれている。すなわち、用水は上流部の谷から取水され、谷と谷の間の尾根の部分に隧道などで導かれ、尾根の部分や谷壁、谷底にひらかれた棚田に供給されており、面的なひろがりをもった水田地域が形成されている。このため、尾根の部分では比較的緩やかな傾斜の区画の大きな棚田、谷壁の部分では急傾斜の区画の小さな棚田がみられる。しかし、タバナン（Tabanan）とギャニャール（Gianyar）を結ぶ標高一〇〇メートルの等高線以下の地域は傾斜が緩く平地水田になっている。

水田は、Dobby（一九五〇）が示した分布図と、タバナンにあるスバック（Subak）博物館に現在展示されている分布図とを比較してみると、デンパサール（Denpasar）付近の都市化した地域をのぞ

バリ島の湧水、沐浴場としても利用されている

きほぼ一致しているので、その他の地域では五〇年間の変化は少ないものと考えられる。その分布は、山系の分水界が北に偏っているために、バツールとブラタンカルデラの南斜面に広い集中地域が形成されている。その他、アグン山の南東斜面、南西部のヌガラ（Negara）や北中央部のシガラジャ（Singaraja）の標高一〇〇メートル以下の海岸地域に部分的な集中地域がみられる。

棚田景観の特徴

これら水田のうち、島の南斜面では標高一〇〇〜六〇〇メートルの地域が棚田になっており、その景観はいくつかの特徴をそなえている。①急傾斜の斜面をのぞき、尾根の部分から谷にかけて連続して棚田がひらかれており、広々とした棚田景観が展開している。②区画は、尾根の部分では五〜一〇アール、段差も数十センチにすぎないのに対して、谷壁の部分では

テカラランの棚田

一アールにも満たない小さな区画で、数メートルの段差のある棚田がみられ、その見事な景観が観光スポットになっている。③法面は土坡であるが、火山灰からなる土壌は粘土化しており、しっかりと棚田を支えている。たえず削り落とされているのか、土が露呈してほとんど雑草がみられない。④谷壁や畦畔にココヤシ、砂糖ヤシ、コーヒー、クローブなどの樹木作物が植えられ、熱帯にある棚田らしい景観要素になっている。⑤用水路沿いには、大橋（二〇〇三）らが記載しているように、水利秩序の組織であるスバックの神々を祀る寺院が配置されている。すなわち、スバックの入口にはウルン・ウンプラン寺、スバック内の分水地点にはウルン・スウィ寺、各水田の水口にはウルン・チャリック寺などがある。⑥棚田地域では竹葺きの小屋が点在して分布しており、農耕用の水牛が飼育されている。これらの特徴ある要素により独特の景観がつくりだされている。

タバナ県ジャチルワの棚田

タバナ県パチエンの棚田

土地利用は、一年三作が可能であるが、病虫害をおそれて一年二作が支配的である。このため、一年のうち一〇か月はイネが圃場にあり、青々と成育している時期が長い。また、作付けが一〜二か月ずれるところもあるので、近接した地域で田植と稲刈が同時に行われる棚田景観をみることもできる。

近年、商業的農業が発展し、棚田から樹木作物としてのカカオ・クローブ・ココナツ・コーヒー・カカオ・ランブータンなどの樹園地やキュウリ・トマト・トウガラシなどを栽培する畑地への転換が少しずつ進んでおり、棚田景観に変化がみられるようになっている。

参考文献

（1）I. Kayane. 1992. Water cycle and water use in Bali Island. Institute of Geoscience University of Tsukuba.
（2）E. H. G. Dobby. 1950. Southeast Asia. University of London Press LTD.
（3）大橋力・河合徳枝（二〇〇三）「究極の社会制御システム—神々と祭りと棚田—」棚田学会誌　日本の原風景・棚田　四号

バリ島の水稲文化と儀礼　早稲田大学水稲文化研究所　二〇〇六年三月　掲載

ま 行

や 行

ら 行

わ 行

な 行

は 行

た 行

さ 行

索　引

アルファベット

あ　行

か　行

著者紹介

中島 峰広 なかしまみねひろ

早稲田大学名誉教授。学術博士。棚田学会顧問。NPO法人棚田ネットワーク代表。棚田サミット開催地選定委員長。

一九三三年宮崎県生まれ。早稲田大学教育学部地歴科卒。開成学園教諭を経て二〇〇四年まで早稲田大学教育学部教授。畑地灌漑、棚田関連の論文多数。全国棚田(千枚田)連絡協議会理事。「日本の棚田百選」選定委員。

著書に『日本の棚田—保全への取組み』(一九九九年、古今書院)、『百選の棚田を歩く』(二〇〇四年、古今書院)、『続・百選の棚田を歩く』(二〇〇六年、古今書院)、『棚田　その守り人』(二〇一二年、古今書院)

書　名　棚田保全の歩み—文化的景観と棚田オーナー制度
コード　ISBN978-4-7722-5284-3　C1025
発行日　2015(平成27)年2月10日　初版第1刷発行

著　者　中島峰広

発行者　株式会社古今書院　橋本寿資
印刷所　三美印刷株式会社
製本所　三美印刷株式会社
発行所　古今書院
〒101-0062　東京都千代田区神田駿河台2-10
電　話　03-3291-2757
ＦＡＸ　03-3233-0303
振　替　00100-8-35340
ﾎｰﾑﾍﾟｰｼﾞ　http://www.kokon.co.jp/